GEOMORFOLOGIA

AMBIENTE E PLANEJAMENTO

COLEÇÃO
REPENSANDO A GEOGRAFIA

R E P E N S A N D O

REPENSANDO A GEOGRAFIA

R E P E N S A N D O

GEOMORFOLOGIA

AMBIENTE E PLANEJAMENTO

JURANDYR LUCIANO SANCHES ROSS

Coleção
Repensando a Geografia

Coordenador
Ariovaldo U. de Oliveira

Projeto gráfico e de capa
Sylvio de Ulhoa Cintra Filho

Ilustração de capa
Milho cultivado em terraços nos Andes peruanos

Revisão
Maria Aparecida Monteiro Bessana
Luiz Roberto Malta
Texto & Arte Serviços Editoriais

Composição
Veredas Editorial/Texto & Arte Serviços Editoriais

Dados Internacionais de Catalogação na Publicação (CIP)
(Câmara Brasileira do Livro, SP, Brasil)

Ross, Jurandyr Luciano Sanches
Geomorfologia: ambiente e planejamento / Jurandyr Luciano Sanches Ross. – 9. ed., 7ª reimpressão. – São Paulo : Contexto, 2024. – (Repensando a Geografia)

Bibliografia
ISBN 978-85-85134-82-2

1. Ecologia humana. 2. Geomorfologia.
3. Paisagem – Avaliação. I. Título. II. Série.

90-1441 CDD-551.4
-304.2

Índices para catálogo sistemático:
1. Ambiente e planejamento: Geografia humana 304.2
2. Geomorfologia 551.4
3. Homem e ambiente 304.2

2024

EDITORA CONTEXTO
Diretor editorial: *Jaime Pinsky*

Rua Dr. José Elias, 520 – Alto da Lapa
05083-030 – São Paulo – SP
PABX: (11) 3832 5838
contato@editoracontexto.com.br
www.editoracontexto.com.br

S U M Á R I O

O AUTOR NO CONTEXTO

Jurandyr Luciano Sanches Ross é geógrafo formado pela USP, onde defendeu mestrado e doutorado.

Foi professor de 1º e 2º graus na rede de ensino privado, participou do Projeto Radambrasil e do mapeamento geomorfológico do Centro-Oeste e Sul da Amazônia.

Publicou inúmeros artigos em revistas especializadas e desde 1983 é professor no Departamento de Geografia da USP.

A seguir, ele responde a duas questões:

1. Quais são as forças que determinam a gênese e dinâmica do relevo terrestre?

R. Como tudo na natureza, bem como na sociedade, as formas do relevo não ocorrem por acaso. E do mesmo modo que não há duas pessoas *exatamente* iguais, também não existe uma forma de relevo exatamente igual a outra. Entretanto, pode-se verificar que existem conjuntos ou agrupamentos de formas que guardam elevado grau de semelhança entre si.

O maior ou menor grau de semelhança entre as formas do relevo tem muito a ver com sua gênese, idade e sobretudo os processos (dinâmicos) que atuam no presente ou que atuaram no passado e que são os responsáveis pela geração das formas. As forças que determinam a atuação dos processos geradores das formas do relevo ou seja, a morfodinâmica, são de duas origens, e W. Penck denominou-as de forças endógenas e exógenas. Desse modo, o relevo é produto do antagonismo de forças que atuam de fora para dentro, através da atmosfera e de dentro para fora, através da litosfera e da energia do interior da terra. Assim, a energia endógena representada pelas litologias, pelo arranjo estrutural destas, e pelas pressões magnéticas criam formas estruturais nos relevos da superfície terrestre. Já a energia exógena, comandada pelo Sol através da camada gasosa que envolve a Terra, produz o desgaste erosivo das formas estruturais e gera a esculturação, produzindo as formas esculturais. Como se vê, o relevo é produto da estrutura de um lado e da escultura de outro lado. A superfície terrestre é isto: uma enorme peça de escultura em processo contínuo de esculturação e as esculturas quase invisíveis são os demais componentes da natureza.

2. Como o relevo articula-se com os demais segmentos das ciências da terra?

R. O relevo como os demais componentes da natureza não pode ser entendido de modo isolado. Na verdade, a setorização da natureza foi feita pelo homem pela dificuldade de entendê-la integralmente. As relações dos diversos componentes da natureza são na realidade de interdependência e uma não existe sem a outra. Não se pode pensar em geologia sem entender a geomorfologia e vice-versa, mas também não se conhece a tipologia e gênese de um determinado solo sem que se conheça a forma de relevo a ele associado e à litologia a partir da qual evoluiu. Por outro lado, fica impossível se conhecer a dinâmica geomórfica e pedológica sem que se conheça as características climáticas e assim sucessivamente. O que deve ficar claro é que na natureza nada está desarticulado nem mesmo o relevo que parece tão imutável.

1
O RELEVO NO QUADRO AMBIENTAL

Nada existe de tão concreto na natureza como o conjunto heterogêneo das formas que compõem a superfície da Terra a que se denomina relevo. Entretanto, a percepção do concreto que melhor se associa àquilo que tem massa e forma própria, não se aplica especificamente ao relevo, pois este se concretiza através da geometria que suas formas apresentam. Desse modo, o relevo é algo concreto quanto às formas, mas abstrato enquanto matéria. O modelado se concretiza pelas diferenciações locais e regionais da silhueta da superfície da Terra.

A tipologia das formas, como tudo na natureza, não ocorre de modo aleatório e caótico, como pode transparecer aos não especializados. Ao leigo cabe apenas sentir as agruras do sobe e desce que a morfologia da superfície do terreno impõe, além das desagradáveis surpresas que a natureza reserva, quando o homem a utiliza de modo inadequado.

O relevo, como um dos componentes do meio natural, apresenta uma diversidade enorme de tipos de formas. Essas formas, por mais que possam parecer estáticas e iguais, na realidade são dinâmicas e se manifestam ao longo do tempo e do espaço de modo diferenciado, em função das combinações e interferências múltiplas dos demais componentes do estrato geográfico. Essas inter-relações, que se traduzem pela troca de energia e matéria entre os componentes, são geradoras da história natural do relevo, ou seja, são responsáveis pela evolução, e portanto, pela gênese do modelado da superfície terrestre. É preciso, para se entender o que está por trás de cada padrão de forma ou de tipo de vertente, verificar quais as influências de cada componente do estrato geográfico na gênese e portanto na dinâmica atual e pretérita dessas formas. Fica evidenciado que uma simples colina, ou uma exuberante serra ou ainda uma planície de rio têm sua história evolutiva e consequentemente sua existência encontra explicação; elas não ocorrem por acaso, mas porque uma série de fatores naturais possibilitaram seu aparecimento e garantem sua funcionalidade e evolução contínua.

O relevo não é como a rocha, o solo, a vegetação ou até mesmo a água que se pode pegar; constitui-se eminentemente de formas com arranjo geométrico as quais se mantêm em função do substrato rochoso que as sustentam e dos processos externos e internos que as geram. Desse modo, o relevo terrestre assemelha-se a uma escultura em rocha, a qual depois de esculpida deixa de ser rocha para ser uma peça ou obra de arte, fruto do processo de elaboração humana. Pode-se imaginar que o globo terrestre é uma imensa peça de escultura, sobre a qual os processos naturais internos e externos agem, sendo responsáveis pela esculturação. O escultor é a própria natureza.

PARTE IMPORTANTE

O relevo terrestre é parte importante do palco, onde o homem, como ser social, pratica o teatro da vida. Esse palco compreende uma estreita faixa onde é possível viver biologicamente e que Grigoriev (1968) denominou de "Estrato Geográfico da Terra". Essa faixa, segundo ele, é o ambiente que permite a existência do homem como ente biológico e consequentemente como ser social. Essa camada ou estrato é relativamente pouco espessa, pois se estende da baixa atmosfera até a parte externa e rígida da Terra, que corresponde à crosta terrestre ou litosfera. O estrato geográfico configura-se por um conjunto de componentes do ambiente natural em seus três estados físicos (sólido, líquido e gasoso), que compreende a crosta terrestre e marinha, a hidrosfera, os solos, a cobertura vegetal, o reino animal e a baixa atmosfera (troposfera e parte da estratosfera). Nesse ambiente de intensa troca de energia e matéria é que foi possível surgir a vida animal e vegetal e a evolução do homem como ser animal e social.

Essa estreita camada da terra é movida por duas grandes fontes energéticas, responsáveis pela existência tanto dos seres vivos animais e vegetais, como pela dinâmica que rege o meio físico ou abiótico. As condições ambientais dessa camada estão condicionadas a dois limites bastante rígidos, ou seja, o "*teto*", representado pela camada de ozônio na estratosfera e o "piso", correspondente à crosta terrestre.

DIFERENCIAÇÃO

O grande palco denominado "Estrato Geográfico" é extremamente diferenciado, sendo tal diferenciação tanto de ordem natural como antrópica. No âmbito das diferenciações naturais, que como as antrópicas não são estáticas, duas fontes energéticas de atuação oposta são responsáveis pelas diferenças fisionômicas e na dinâmica, sendo uma externa, comandada pela energia solar e outra interna, determinada pelo calor e pressão do núcleo e manto terrestre. Enquanto uma atua de dentro para fora, criando fisionomias de caráter estrutural, a outra age de fora para dentro através das temperaturas do ar, da ação das águas em seus três estados físicos e dos ventos, esculpindo lentamente, ao longo do tempo, as superfícies produzidas pelas forças internas.

Nesse contexto de significativas modificações tanto no espaço como no tempo, todas as componentes do estrato geográfico se alteram ora com mais vigor, ora com maior serenidade. Nessa dinâmica permanente, há modificações no clima, na fisionomia do relevo, na cobertura vegetal, na evolução dos tipos de solos, no ciclo das águas e na repartição dos seres vivos por sobre a superfície da Terra.

Em resumo, a atuação das forças endógenas e exógenas juntas e em oposição, determinam toda a existência e toda a dinâmica do meio biótico e abiótico da superfície terrestre. Assim, as formas que o relevo apresenta são ao mesmo tempo consequências da atuação dessas forças, bem como suas causas, pois através de variações topográficas e morfológicas abre-se espaço para a interferência da ação da gravidade, que possibilita, por exemplo, o deslocamento de matéria quer seja líquida quer seja sólida das partes mais altas para as mais baixas, em um processo contínuo de desgastes dos terrenos elevados e de acumulação nos segmentos mais baixos.

Como a energia solar não atua igualitariamente na superfície terrestre, e como a crosta terrestre não se constitui em um único tipo de litologia e de arranje estrutural, além de que as forças internas também apresentam atuações diferenciadas sob a crosta, a gama de fisionomias ou de ambientes naturais é muito numerosa, acabando por determinar um número infinito de Unidades de Paisagens Naturais. Ao acrescentar-se a isso os arranjos territoriais feitos pela atuação do homem, essas unidades se ampliam infinitamente.

A PAISAGEM COMO UM TODO

As unidades de paisagens naturais se diferenciam pelo relevo, clima, cobertura vegetal, solos ou até mesmo pelo arranjo estrutural e do tipo de litologia ou por apenas um desses componentes.

No entanto, como na natureza esses componentes são interdependentes, quando há variações na litologia, por exemplo, certamente observam-se diferenças na forma do relevo, na tipologia dos solos e até mesmo na composição florística da cobertura vegetal. Esta última interfere no clima ou pelo menos no microclima, na diferenciação e distribuição da fauna e micro-organismos, e assim sucessivamente para os demais componentes.

O entendimento do relevo passa portanto pela compreensão de uma coisa maior que é a paisagem como um todo. Não se pode entender a gênese e a dinâmica das formas do relevo sem que se entenda os mecanismos motores de sua geração, sem que se perceba as diferentes interferências dos demais componentes em uma determinada Unidade da Paisagem. Existe relação estreita entre tipos de formas do relevo com os solos e estes com a litologia e o tipo climático atuante. No entanto, isto é apenas parte do complexo quebra-cabeças que constitui os ambientes naturais existentes na superfície do globo.

A complexidade dos ambientes naturais, bem como dos alterados pelo homem, é de tal ordem que não se pode estabelecer seus limites territoriais com precisão. Isto porque não se tem modificações bruscas de uma condição ambiental para outra. Por outro lado, é fato também importante o infinito fracionamento do quadro ambiental, podendo-se identificar quantos quadros ambientais se queira em um determinado território, por menor que este seja. Para tanto basta definir o grau de detalhamento e verticalização da pesquisa e da geração de informação, e isso passa obrigatoriamente pela escala de trabalho.

Nesse panorama enormemente diversificado de ambientes naturais, o homem, como ser social, interfere criando novas situações ao construir e reordenar os espaços físicos com a implantação de cidades, estradas, atividades agrícolas, instalações de barragens, retificações de canais fluviais, entre inúmeras outras. Todas essas modificações inseridas pelo homem no ambiente natural alteram o equilíbrio de uma natureza que não é estática, mas que apresenta quase sempre um dinamismo harmonioso em evolução estável e contínua, quando não afetada pelos homens.

Não é preciso muito esforço para perceber que as ações elaboradas pelo homem no ambiente deveriam ser precedidas por um minucioso entendimento desse ambiente e das leis que regem seu funcionamento, e para isso é necessário elaborar-se diagnósticos ambientais adequados. Tal “radiografia ecológica” deve fornecer diretrizes as quais permitam imprimir modificações que minimizem os efeitos negativos através de medidas técnicas preventivas e ou corretivas, o que não significa que o ambiente, com isso, seja preservado.

Morro do Tejereba – Guarujá, SP. Cobertura de Mata Tropical Atlântica. Na planície marinha, cultivo decadente de banana. (Foto de Gelze Serrat e Juliana Emura.)

Dentro dessa perspectiva fica evidente a importância do entendimento da dinâmica das unidades de paisagens onde as formas do relevo se inserem como um dos componentes de muita importância e torna-se necessário entender o significado da aplicação dos conhecimentos geomorfológicos ao se implantar qualquer atividade antrópica de vulto na superfície terrestre.

2
GEOMORFOLOGIA E DIAGNÓSTICOS AMBIENTAIS

Parece extremamente óbvio que qualquer interferência na natureza, pelo homem, necessita de estudos que levem ao diagnóstico, ou seja, a um conhecimento do quadro ambiental onde se vai atuar. No entanto, isso não é tão lógico aos leigos quanto possa parecer aos estudiosos e cientistas em geral. Os grandes projetos para a implantação de usinas hidro e termoelétricas, rodovias, ferrovias, assentamentos de núcleos de colonização, expansão urbana, reassentamento de populações face aos programas de reforma agrária, instalações portuárias, mineração, indústrias, entre outros são atividades que interferem de modo acentuado no ambiente, quer seja ele natural ou já humanizado.

Por um lado, não se pode coibir a expansão da ocupação dos espaços, reorganização dos já ocupados e fatalmente a ampliação do uso dos recursos naturais, tendo-se o nível de expansão econômica e demográfica da atualidade.

Por outro lado, se é imperativo ao homem como ser social expandir-se, tanto demograficamente como técnica e economicamente, torna-se evidente que apareçam, nesse processo, os efeitos contrários.

IMPACTO

Como toda causa tem seu efeito correspondente, todo benefício que o homem extrai da natureza tem certamente também seus malefícios. Desse modo, parte-se do princípio de que toda ação humana no ambiente natural ou alterado causa algum impacto em diferentes

Forte processo erosivo de origem pluvial, alterando o relevo por efeito antrópico. (Foto de Sílvio Rodrigues).

níveis, gerando alterações com graus diversos de agressão, levando às vezes as condições ambientais a processos até mesmo irreversíveis.

Em função desses fatos, Gerasimov (1980) diz que um dos primeiros problemas a se levantar, trabalhando-se a questão ambiental, é o da contradição que emerge entre utilizar os recursos naturais ou proteger a natureza. Entretanto, é preciso considerar que no atual estágio tecnológico, científico e econômico a que chegou o homem do século XX é impossível desconsiderar que a cada dia a expansão do aproveitamento dos recursos naturais está sendo necessária à humanidade. Por outro lado, uma série de problemas sobre esses fatos não são facilmente solucionados. Entre esses está o de que a natureza é incapaz, por si mesma, de absorver totalmente os desejos do homem. Há que considerar ainda que muitas alterações feitas pelo homem no ambiente, tidas como impactos positivos, depois de algum tempo revelam-se como surpresas desagradáveis. E por último há que se levar em conta que não se tem, até o momento, métodos cientificamente fundamentados para aquilatar o grau admissível de intervenção do homem, em um determinado ambiente.

É significativo considerar que a natureza, por sua vez, também tem seus mecanismos de defesa ou pelo menos de autorregeneração;

e que as degradações ambientais nem sempre chegam ao nível do catastrófico. Há situações que certamente são de lenta recuperação ou correção, e isso se deve às dificuldades de ordem econômica, por não se apresentarem economicamente viáveis, ou ainda por dificuldades tecnológicas.

PREVENIR

No ambiente, como na questão da saúde, é preciso ter uma postura mais voltada para o preventivo do que para o corretivo. Da mesma maneira que é mais fácil e mais econômico prevenir-se das doenças do que curá-las, na natureza certamente é bem menor o custo da prevenção de acidentes ecológicos e da degradação generalizada do ambiente, do que corrigir e recuperar o quadro ambiental deteriorado; mesmo porque determinados recursos naturais uma vez mal-utilizados ou deteriorados tornam-se irrecuperáveis. Com a postura de que é preciso prevenir muito mais do que corrigir, torna-se imperativa a elaboração dos diagnósticos ambientais, para que se possa elaborar prognósticos, e com isso estabelecer diretrizes de uso dos recursos naturais do modo mais racional possível, minimizando a deterioração da qualidade ambiental.

Nesse contexto, a Geografia como um todo, e a Geomorfologia especificamente, são de virtual importância no trabalho de inventariar e analisar o quadro ambiental, que é antes de mais nada um espaço, humanizado ou não, eminentemente geográfico.

A execução de estudos visando diagnósticos ambientais, passa evidentemente por uma série de mecanismos operacionais que possibilitam atingir resultados interpretativos, frutos da pesquisa técnico-científica. É claro que a elaboração dos estudos implica o conhecimento da teoria, o domínio da metodologia, bem como a capacidade de operacionalizar o instrumental técnico de apoio. É também fato consumado ser praticamente inviável elaborar-se estudos ambientais sem que se tenha estruturado uma equipe de profissionais multidisciplinares que trabalhem de forma integrada, com objetivos claramente definidos.

Como o ambiente natural ou o alterado pelo homem constitui-se de diversos componentes do "Estrato Geográfico" (Grigoriev, 1968), é necessário para entender o funcionamento do todo, compreender o mecanismo funcional de cada um dos componentes em relação aos demais.

A Geomorfologia encontra-se nesse contexto de forma muito especial, pois ao fazer parte da superfície externa da crosta terrestre, sofre influência motora tanto do substrato rochoso, sustentáculo da crosta, como dos demais componentes do estrato geográfico, sem desprezar o fato de que o relevo também exerce sua influência sobre as outras componentes.

Desse modo, as formas do relevo terrestre que em última instância representam geometricamente a silhueta da superfície da crosta são fruto das forças de oposição externas e internas da Terra. A gênese das formas do relevo, como o próprio dinamismo do Estrato Geográfico, é comandada pelas fontes energéticas exógena – representada pela energia solar – e endógena – configurada pelas forças que o manto e o núcleo da terra exercem sob a litosfera.

OBJETIVO MÁXIMO

É objetivo máximo dos diagnósticos ambientais conhecer os mecanismos de funcionamento dos mais diversos ambientes que constituem o mecanismo do Estrato Geográfico. Para tanto é preciso estudar cada uma das componentes desse "Estrato" nos locais geograficamente específicos e nisso inclui-se também o entendimento do relevo quanto à sua forma, dinâmica e gênese.

A peculiaridade da Geomorfologia, como disciplina que reflete os efeitos da sua posição de interface no contexto do Estrato Geográfico, coloca-a numa posição aparentemente privilegiada mas ao mesmo tempo extremamente frágil. Assume caráter de disciplina privilegiada nos estudos ambientais, pelo fato de que para seu adequado entendimento e análise, exige do pesquisador conhecimento pluralista.

Não se pode entender a dinâmica e a gênese das formas do relevo, sem que se conheça muito bem os fatores bioclimáticos, pedológicos, geológicos e mesmo antrópicos que interferem no dinamismo e portanto em sua evolução. É preciso entender, com certo grau de clareza, que os processos são comandados por climas atuantes no presente, mas também saber encontrar e identificar testemunhos paleoclimáticos que possam explicar formas ou comportamentos de formas que não podem ser explicadas pelo quadro ambiental atual.

Desse modo, interpretar o relevo não é simplesmente saber identificar padrões de formas ou tipos de vertentes e vales, não é simplesmente saber descrever o comportamento geométrico das formas, mas saber identificá-las e correlacioná-las com os processos atuais e pretéritos, responsáveis por tais modelados, e com isso estabelecer não só a gênese mas também a sua cronologia, ainda que relativa

O lado frágil da Geomorfologia deve-se principalmente à dificuldade de demonstrar sua existência e mais que isso, sua aplicabilidade. Pelo seu caráter de certo modo abstrato quanto à matéria, dificulta até mesmo aos especialistas de áreas afins entenderem do que se trata.

É notório que engenheiros, arquitetos, biólogos e outros, confundem-na com topografia. Para a maioria dos profissionais de áreas afins, geomorfologia é apenas variação altimétrica ou, no máximo, variação de declividade das vertentes que costumam chamar impropriamente de rampa ou talude.

Com frequência, os estudos de geomorfologia que implicam a utilização das informações geológicas, pedológicas, climáticas e até mesmo fitogeográficas, são contestados e criticados por geólogos, pedólogos, agrônomos entre outros, por julgarem seus espaços invadidos por geógrafos intrusos e oportunistas. Muitas vezes, os estudos de caráter geomorfológico executados por geólogos recebem denominações de cartas geotécnicas, e os de agrônomos especializados em pedologia a denominação de cartas de suscetibilidade à erosão. É evidente que não se pode tratar a pesquisa científica como fragmentos da ciência, bem como não se deve adotar a postura corporativista de muitas categorias profissionais; entretanto também não se pode rotular e tornar-se proprietário de algo que não se pode escriturar em cartório. As ciências da natureza, sobretudo as chamadas ciências da terra ou geociências, não são independentes e também não têm proprietários.

CIÊNCIA DA TERRA

É fato incontestável, entretanto, que a geomorfologia como disciplina que estuda as formas do relevo quanto à sua geometria, gênese e idade, inclui-se no contexto das ciências da terra. Como é impossível entender-se o funcionamento ou a dinâmica ambiental sem que se considere o todo que compõe o Estrato Geográfico, o relevo não pode ser deixado de lado nos estudos ambientais, tanto quanto os demais componentes. Isso é notório pois é no relevo que as forças de interação mais se manifestam.

Por outro lado, como o entendimento da dinâmica do relevo interessa diretamente ao homem como ser social, passa a ser também parte integrante da geografia. Negar que o entendimento do relevo não é fundamental para os problemas da expansão dos sítios urbanos, instalação de núcleos de colonização, implantação de polos industriais entre outros, é negar a própria geografia. Desse modo, a geografia que não sobrevive sem a coparticipação de outras ciências, necessita do apoio da geomorfologia no âmbito das ciências da terra. Como o ambiente não é visto apenas como o meio físico e biótico, mas inclui também o socioeconômico, isso coloca a ciência geográfica como um todo em situação de privilégio frente às demais, nas análises ambientais.

É óbvio, entretanto, que não se pode ter a pretensão de que o profissional geógrafo seja o mais adequado no desenvolvimento dos estudos ambientais. Isso seria antes de mais nada infantilidade, porém deve-se ressaltar que a geografia, com sua vocação para análises parciais e globais, sínteses e generalizações, tem papel marcante nos estudos ambientais.

3
EVOLUÇÃO DAS CONCEPÇÕES RELATIVAS AO RELEVO

O avanço dos conhecimentos no âmbito das ciências da terra, onde se inclui a geomorfologia, deu-se principalmente a partir de meados do século XIX. Entretanto, as raízes desse impulso são encontradas desde o período renascentista, sobretudo nas observações de campo efetuadas pelo engenheiro e artista italiano Leonardo da Vinci, no final do século XV e início do século XVI. Ao encontrar em grandes altitudes, nos montes Apeninos, rochas com ocorrência de conchas, percebeu que tais eventos guardavam semelhança com as conchas novas encontradas nos terrenos baixos de depósitos recentes. Diante dessas constatações, concluiu que o fato de encontrar-se rochas com conchas em diferentes altitudes e em diferentes inclinações, indica um grande levantamento de terras que antes certamente eram parte do fundo do mar.

No entanto, por muitos séculos o progresso nas ciências naturais foi inibido pela crença de que os fatos observados na superfície terrestre eram produtos de acontecimentos excepcionais de caráter catastrófico. A concepção do Princípio do Catastrofismo perdurou até o final do século XVIII, apesar do número cada vez maior de estudiosos contrários a ela. Foi com James Hutton, seguido por seus discípulos Playfair, Lyell, divulgadores do primeiro, que na segunda metade do século XVII surgiu o Princípio do Atualismo, onde a máxima era "O Presente é a Chave do Passado". Esse princípio estabeleceu as bases da pesquisa em geologia, bem como em geomorfologia. O avanço do conhecimento geomorfológico sofreu um salto de qualidade com Alexandre Surrell, que estabeleceu os princípios ou leis da morfologia fluvial. Os trabalhos desse engenheiro, na construção de pontes e estradas nos Alpes suíços, levaram-no a perceber que todos os rios nessa área apresentavam o mesmo comportamento morfológico e de dinâmica das águas de escoamento.

SURRELL

Surrell, em 1841 apresentou em Paris um trabalho denominado "Études sur les torrents de Hautes Alpes" onde, em síntese, estabeleceu o princípio da Tensão Regressiva e o Conceito de Perfil de Equilíbrio. Ainda nesse trabalho, caracterizou os mecanismos de escoamento das águas nas vertentes que culminavam com a organização das bacias de drenagem. Essas bacias, que guardavam um certo paralelismo entre si, apresentavam em suas partes superiores bacias de recepção; nos trechos dos cursos médios, canais de escoamento com uma concentração menor de entrada de canais; e no baixo curso, cones de dejecção. Ele observou que todo o processo de escavação dos vales era estabelecido a partir de um ponto fixo ou nível de base posicionado no sopé da vertente, a partir do qual se processava a erosão regressiva ou remontante.

GILBERT

De acordo com Abreu, somente no final do século XIX a morfologia fluvial sofreu um novo avanço com os estudos de Gilbert (1877), nas montanhas Henri, quando se definiu mais três leis da geomorfologia. Essas leis foram a das Declividades; da Estrutura; e dos Divisores. A lei da Declividade associa-se à velocidade do fluxo d'água determinado pela inclinação da vertente e a consequente capacidade erosiva, enquanto a lei dos Divisores estabelece que as maiores declividades estão mais próximas dos topos e que o perfil da vertente de uma montanha revela-se como uma curva côncava para fora. Já a Lei da Estrutura revela que a esculturação do relevo passa pela influência variada das litologias rígidas e tenras e evidentemente do arranjo estrutural destas.

DAVIS

É no final do século XIX que a somatória dos conhecimentos geomorfológicos ganha mais corpo tanto na Europa quanto nos Estados Unidos da América. Nos EUA com a expansão territorial e a ampliação dos estudos geológicos voltados obviamente para a procura dos minerais preciosos, a geomorfologia ganha mais espaço entre as ciências da terra. É nesse contexto histórico que surgiu o modelo teórico de

William Morris Davis, estabelecendo uma direção para a interpretação do relevo.

O modelo teórico proposto por Davis apresenta uma concepção finalista, onde todo o relevo tem começo, meio e fim, podendo, entretanto, recomeçar com um processo de rejuvenescimento. Desse modo o Ciclo Geográfico ou Geomórfico concebido por Davis passa pela juventude, maturidade e chega à senilidade, a partir da qual o relevo pode retomar à juventude com um soerguimento de caráter tectônico. A ideia de mudança ou de evolução das formas do relevo ao longo de um tempo não claramente determinado é de qualquer modo uma contribuição nova aos conhecimentos geomorfológicos. A noção de importância da influência estrutural no modelado do relevo transparece quando o autor admite que cada novo ciclo é sempre reativado com os processos de soerguimentos gerados pela influência tectônica. A trilogia do modelado se completa com o processo de erosão remontante.

Davis considera em sua proposta de entendimento do relevo principalmente os efeitos da erosão fluvial a que denominou de *erosão normal*, responsável pela transformação de relevos montanhosos em peneplanos ou peneplanícies. Percebe-se, portanto, que o modelo teórico, apesar da concepção finalista, apoia-se em um tripé definido pela *estrutura*, *processo* e *tempo*.

O modelo davisiano teve muitos seguidores tanto nos países de língua inglesa quanto na França e por decorrência no Brasil. Abreu considera que W. M. Davis liderou a linhagem epistemológica anglo-americana da geomorfologia e entre seus mais nobres seguidores está o geógrafo francês Emanuel De Martone. No Brasil, estiveram entre os seus seguidores, até praticamente fins da década de 1950, Aroldo de Azevedo, Aziz Nacib Ab'Saber, Fernando Flávio Marques de Almeida entre outros, que de forma explícita ou não, ao produzirem trabalhos geomorfológicos, classificavam as terras baixas e aplanadas em peneplanos ou em peneplanícies; e os planaltos em maturamente erodidos ou ainda em relevos rejuvenescidos, com linguagem claramente davisiana.

ESTUDOS ALEMÃES

A concepção de Davis a respeito da evolução do relevo, embora tenha sido uma contribuição importante ao conhecimento geomorfológico, encontrou certa oposição entre seus contemporâneos da Europa Centro-Oriental, principalmente alemães que tinham posturas diferentes nos estudos da natureza.

Os estudos alemães se caracterizavam por trabalhos empíricos marcados por detalhadas descrições das coisas da natureza, apoiadas em minuciosas observações efetuadas em suas expedições de campo. Dentro dessa perspectiva, Alexandre Von Humboldt, naturalista alemão do século XIX, dera grande contribuição ao conhecimento geográfico.

Pode-se lembrar ainda os nomes dos naturalistas Goethe e Von Richthofen, que produz um guia para observações de campo. Alberto Penck (1894) contribui de modo marcante para o avanço da geomorfologia na Alemanha, com a publicação de um trabalho denominado *Morphologie der Erdaberflaeche*.

A postura naturalista dos alemães imprimiu uma direção para a observação e análise dos fatos, onde o relevo se relaciona com a litologia, os solos, a hidrologia e o clima. Segundo Abreu a cartografia desde logo se transforma em um instrumento de pesquisa e a observação, seu centro de interesse. As primeiras correlações entre as zonas climáticas do globo e as formas de relevo foram estabelecidas em 1912 por W. Penck e outros nos anos seguintes. Na década de 1920 é publicado o trabalho de Penck denominado *Análise Morfológica: contribuição à geologia física*. Nessa obra transparecem claramente os princípios que direcionam os estudos geomorfológicos e geológicos onde Walter Penck, no capítulo introdutório, determina que a base, a natureza e o princípio da análise geomorfológica apoia-se em três elementos que são:

- os processos exogenéticos
- os processos endogenéticos
- os processos devidos aos dois anteriores, os quais podem ser chamados de feições atuais da morfologia.

Ainda na década de 1920, mais precisamente em 1926, deu-se o importante Düsseldorfer Natuorschertag, simpósio no qual, em consenso geral, emerge a valorização do fator clima como elemento responsável pela morfogênese diferencial.

Até então o modelo davisiano praticamente considerava que além do processo de erosão normal alimentado pelas águas fluviais, havia outros que entretanto tinham caráter acidental. Isso passou a ser amplamente refutado após a década de 1920. A partir daí, os geógrafos alemães como H. Mostensen, J. Budel, E. Felo e H. Wilhelmy, bem como os franceses representados por De Martone, Cholley, Dresch, Birot, Cailleux e Tricart, em seus trabalhos, fruto de pesquisas ou então através da publicação de manuais, passaram a trabalhar com a concepção da geomorfologia climática. Dentro dessa nova postura de análise geomorfológica, a *erosão normal* deixou de ser a base da interpretação para explicar a evolução do relevo, surgindo outros elementos de avaliação nos processos geradores das formas.

Nesse sentido, os tipos climáticos passaram a ser objeto de preocupação no entendimento da dinâmica e gênese do relevo, definindo-se o modelado da superfície da Terra extremamente atrelado às grandes zonas climáticas do globo. Dentro dessa nova direção surgiram os domínios ou zonas morfoclimáticas do relevo terrestre. Seguindo essa linha Tricart e Cailleux, na década de 1960, propõem a divisão morfoclimática do globo em: *zonas frias*; *zonas florestadas de latitudes médias*; *zonas secas dos trópicos e das latitudes médias*; e *zona intertropical*.

Essa tentativa de estabelecer novos critérios de análise geomorfológica está diretamente preocupada em valorizar os diferentes processos denudacionais dependentes dos climas atuantes no presente e sem desconsiderar os demais elementos de interferência na dinâmica da paisagem como, por exemplo, a cobertura vegetal. Cabe lembrar entretanto que, anterior ao Simpósio de Düsseldorf, tem-se em Albert Penck (1912), J. Walther (1912), W. Voltz (1913), De Martone (1913), K. Sapper e F. Thorbecke (1914), os precursores da geomorfologia climática, que de um modo ou de outro estabeleceram relações entre as formas do relevo e a zonalidade climática

---

NO BRASIL

Ab'Saber na década de 1960, sob a influência europeia, estabeleceu uma proposta de entendimento do relevo brasileiro em Domínios Morfoclimáticos, uma interpretação calcada na influência da zonalidade climática O país foi dividido em seis domínios morfoclimáticos, como segue:

- Domínios dos Chapadões Tropicais, com duas estações, recobertos por cerrados e penetrados por florestas galerias;
- Domínios das Depressões Intermontanas semiáridas pontilhadas de *inselbergs*, dotadas de drenagem intermitente e recobertas por caatingas extensivas.
- Domínios de Planalto Subtropical, recobertos por araucárias e pradarias de altitude;
- Domínios das Coxilhas Subtropicais Uruguaio-Sul-rio-grandense extensivamente recobertas por pradarias mistas;
- Domínios das Terras Baixas Equatoriais extensivamente florestadas da Amazônia Brasileira

Percebe-se assim que a tônica da interpretação geomorfológica passa a ser a correlação da tipologia do modelado com os processos denudacionais influenciados pelos diferentes tipos climáticos e coberturas vegetais, onde se combinam os fatores ligados à alteração físico-química das rochas de um lado e o desgaste erosivo das águas correntes, geleiras, oceanos e ventos, de outro.

A valorização dos processos denudacionais sob a influência das zonas ou domínios morfoclimáticos coloca em plano secundário o significado estrutural na gênese das formas do relevo. Isso fica evidente no trabalho efetuado por Ab'Saber ao tratar dos diversos domínios morfoclimáticos, onde as influências litológicas e estruturais são pouco valorizadas na caracterização e gênese do relevo. Essa postura fica mais evidente quando se considera que a preocupação dos estudos geomorfológicos começa no ponto em que terminam os estudos geológicos. É evidente nos trabalhos de Ab'Saber, que cuidam da morfogênese, que a preocupação está totalmente voltada para os eventos geomórficos do quaternário ou quando muito do terciário superior.

Ao propor os domínios morfoclimáticos do Brasil, não se limitou a interpretar a gênese do relevo apenas pelos processos regidos pelos climas atuais, mas também pelos paleoclimas que atuaram ao longo do Neogeno (terciário superior e quaternário).

TEORIA DA PEDIPLANAÇÃO

Outra contribuição marcante para o conhecimento geomorfológico é a de Lester King, que de certa forma sofre influência do modelo davisiano, mas incorpora contribuições marcantes de Walter Penck.

A Teoria da Pediplanação que se apoia no princípio da atividade erosiva por processos de ambientes áridos e semiáridos, passou a ter larga aceitação para as áreas intertropicais, sobretudo no Brasil e na África. Entretanto, ficou evidente nessa concepção que o relevo não tem um comportamento cíclico como preconizava o modelo teórico de Davis, mas que certamente ocorria de forma intermitente a atuação dos efeitos tectônicos, colocando superfícies de erosão ou de pediplanação elaboradas ao longo do tempo em diferentes níveis. Deste modo, no trabalho desenvolvido na faixa oriental do Brasil, em 1953, L. King identifica e estabelece cronologias de superfícies de erosão e seus depósitos correlativos, apoiando-se em dados altimétricos, geológicos e cronoestratigráficos que o levam à uma interpretação, onde alternam-se fases de pediplanação com as de soerguimentos de caráter epirogênico.

Na década de 1960, no Brasil, A. N. Ab'Saber, J. J. Bigarella e alguns outros – por influência dos pesquisadores franceses de geomorfologia climática e pela linha da pediplanação de Lester King –, passaram a interpretar o relevo brasileiro e procurar vestígios dos processos de pediplanação. São os depósitos rudáceos, paleossolos, paleopavimentos detríticos, ocorrência de espécies vegetais relictuais, enfim uma série de eventos que testemunham as atividades morfogenéticas de paleoclimas áridos e semiáridos do Quaternário.

Essa interpretação apoia-se na teoria de que nas áreas tropicais e subtropicais os climas alteram-se de áridos e semiáridos para quentes e úmidos em contraposição às áreas temperadas e periglaciais em que os climas alteram-se em períodos glaciais e interglaciais úmidos.

VÁRIAS TEORIAS

Nas últimas três décadas o que se tem assistido em termos de nível de produção de conhecimento geomorfológico na linguagem epistemológica anglo-americana é o aparecimento de várias teorias, conforme assinala Abreu em seu trabalho sobre a *Teoria Geomorfológica e sua Edificação.*

Já na linhagem germânica, há uma espécie de continuidade das pesquisas calcadas na concepção teórica de W. Penck. As teorias do Equilíbrio Dinâmico (Hack – 1960); Probabilística (Shereve – 1975); do Princípio da Atividade Desigual (Crickmay – 1959); bem como o desenvolvimento de técnicas de quantificação que dão apoio às análises morfométricas, estão associadas à produção científica anglo-americana. Dentre estas, a proposta por Hack (1960) denominada Teoria do Equilíbrio Dinâmico, tem sido aplicada nas pesquisas geomorfológicas de detalhe, principalmente quando se trata de estudos para avaliar processos atuantes nas condições ambientais atuais. Essa teoria, que tem como princípio básico o pressuposto de que o ambiente natural encontra-se em estado de equilíbrio, porém não estático, graças ao mecanismo de funcionamento dos diversos componentes do sistema, é um princípio que se inspira na Teoria Geral dos Sistemas, sendo portanto entendida pela funcionalidade na entrada de fluxo de energia no sistema que produz determinado trabalho.

No entanto, a teoria prevê as situações de desequilíbrio que são geradas pela alteração na entrada de fluxos de energia. Essa situação, entretanto, é tida como de ocorrência intermitente. Fatos dessa ordem podem ser explicados, por exemplo, pelos escorregamentos ou deslizamentos nas escarpas da Serra do Mar, que apesar de acontecerem com certa frequência, são de caráter intermitente, sendo suas ocorrências associadas aos altos índices pluviométricos e agravadas pelas interferências antrópicas. As variações dos índices de chuvas como a alteração da paisagem por influência humana, são efeitos que interferem diretamente no mecanismo de funcionamento do sistema e do equilíbrio deste.

Na linha epistemológica germânica, além da geomorfologia climática e climatogenética também se desenvolveram correntes como a geoecologia e ordenação ambiental, trabalhadas nas últimas décadas por Neel (1967), Barthel (1968), Klink (1972) apud Abreu (1983) que denotam a preocupação com o entendimento da natureza de modo mais integrado e, portanto, é herança cultural dos naturalistas do século XIX.

Nos países da Europa Oriental, como na República Democrática Alemã, Tchecoslováquia, Polônia e sobretudo na União Soviética, a influência dos princípios teóricos de W. Penck são marcantes. Nesses países desenvolve-se a pesquisa geomorfológica apoiada na cartografação do relevo. Evidentemente que esses estudos, tendo entre seus objetivos o registro cartográfico, levou também ao desenvolvimento de novos conceitos no campo da geomorfologia. Pesquisadores como J. P. Gerasimov, J. A. Mescherikov, entre outros, nas décadas de 1940 a 1970, desenvolveram os estudos geomorfológicos na URSS, e paralelamente fizeram crescer a cartografia geomorfológica. Estabeleceram os conceitos de morfoestrutura e morfoescultura, além de proporem uma classificação ou taxonomia para o relevo terrestre. Mais recentemente, pesquisadores como Basenina & Trescov, dão continuidade à linha de pesquisa apoiada na cartografia geomorfológica, dentro dos princípios teóricos e técnicos de Mescherikov e Gerasimov.

CONTRIBUIÇÃO SOVIÉTICA

Com a contribuição dos soviéticos, seguidores de Penck, resolveu-se um problema de cartografia geomorfológica para escalas médias e pequenas. Havia dificuldades ao se representar as unidades geomorfológicas, pois valorizava-se o escultural, perdendo-se informação do estrutural ou então dava-se o contrário, ficando a carta geomorfológica mais parecida com uma carta geológica. Com o estabelecimento dos conceitos de morfoestrutura e morfoescultura definiu-se com clareza a representação cartográfica que valoriza o estrutural (morfoestrutura) sem desprezar o escultural, ou valorizar o escultural (morfoescultura) sem desmerecer a estrutura.

Essa linha de trabalho praticamente não existia no Brasil até Abreu (1982) aplicar essas concepções na pesquisa desenvolvida na região de Diamantina (MG), sobre as estruturas dobradas da Serra do Espinhaço.

Fazendo-se um balanço do estado atual das pesquisas geomorfológicas no Brasil, pode-se afirmar que não há nenhuma linha consolidada ou pelo menos que tenha um corpo razoável de trabalhos produzidos que constitua uma massa de conhecimentos significativa, não constituindo, portanto, uma escola geomorfológica. O que de fato se observa em nível nacional é a presença de alguns núcleos que estimulam os trabalhos mas que quase sempre não apresentam linhas claramente definidas. Desse modo, a pesquisa geomorfológica hoje tem grupos trabalhando com os problemas morfogenéticos do quaternário, alguns preocupados com cartografia geomorfológica; outros voltados para os processos erosivos fluviopluviais, com aplicação de técnicas experimentais; outros com os problemas dos movimentos de massa; e outros grupos, ainda, com a aplicação de técnicas de quantificação voltadas à geomorfologia e alguns outros com a geomorfologia ambiental. Verifica-se, portanto, que há um emaranhado de linhas de trabalho que em sua maior parte não apresentam continuidade por não fazer escola, e não haver um número suficiente de pesquisadores que possam levar isso avante.

Há também alguma atividade em trabalhos aplicados, baseados principalmente em estudos ambientais. Essas atividades são representadas, por exemplo, pelos estudos integrados da paisagem, por cartografia, geotécnica, por estudos de suscetibilidade à erosão, enfim, uma grande diversidade de rótulos que têm, no meio físico seu objeto de pesquisa.

4
TRATAMENTO METODOLÓGICO NA GEOMORFOLOGIA APLICADA

A questão do tratamento metodológico na pesquisa geomorfológica é normalmente o "calcanhar de Aquiles" dos estudiosos da disciplina. É com frequência que se observa trabalhos de pesquisa em geomorfologia que tratam, no capítulo referente à metodologia, apenas dos procedimentos técnico-operacionais. Com isso demonstra-se que há ligeira confusão entre o que é método e o que é técnica. Deve ficar claro que o tratamento metodológico em uma pesquisa é subproduto direto da teoria. Em função desse atrelamento obrigatório, uma mesma área objeto de estudo pode ser analisada através de diferentes óticas e evidentemente chegar a resultados analíticos não obrigatoriamente idênticos. De qualquer modo, é a metodologia que norteia a pesquisa, enquanto a instrumentalização e as técnicas operacionais funcionam como apoio.

Grande número de disciplinas ou ciências apresentam métodos de trabalho consolidados, apoiados em leis ou em teorias claramente delineadas. Isto, entretanto, não ocorre com a geomorfologia que ao longo do século XX sofreu algumas mudanças teóricas significativas. Esse fato determinou a ausência até hoje de uma sistemática única de trabalho consagrada na disciplina; observa-se, ao contrário, uma gama de pesquisas e de procedimentos teórico-metodológicos. Pode-se estabelecer com certa clareza que existem duas grandes linhas de pesquisa no campo específico da geomorfologia, uma de caráter empírico e outra experimental. O fato de se estabelecer dois amplos campos de pesquisa na disciplina, não significa que sejam totalmente independentes. Na realidade, a pesquisa experimental visa demonstrar, através das experiências de laboratório e das estações de experimentos, a veracidade de uma série de fatos interpretados empiricamente. Está, entretanto, na pesquisa empírica, a maior parte dos estudos geomorfológicos. Os trabalhos de campo efetuados através de observações sistemáticas dos elementos da paisagem, acompanhadas de descrições minuciosas tão indispensáveis a uma adequada interpretação da gênese, são também básicos para uma satisfatória pesquisa experimental.

A pesquisa experimental tende a apoiar-se nas técnicas de quantificação para avaliar e interpretar os dados gerados com os experimentos. Assim, a pesquisa opera em quatro etapas ou níveis claramente definidos. A primeira etapa é normalmente de caráter empírico. Nessa fase, o pesquisador é obrigado a selecionar a área ou áreas a serem estudadas o que, evidentemente, não pode ser feito de forma aleatória. É preciso saber o que se quer testar, e adquirir conhecimento prévio do objeto a ser experimentado. Esse conhecimento inicial, praticamente não dispensa a análise empírica prévia.

Tomando-se como exemplo a proposta de se estudar os processos erosivos na região do domínio dos cerrados do Brasil Central, através de pesquisa experimental, quais seriam os procedimentos? O primeiro fato a ser observado e que aparece ao pesquisador é *onde* instalar as estações experimentais. A escolha dos locais de instalação implica um estudo prévio que obrigatoriamente passa pelo inventário do ambiente onde se quer aplicar os experimentos. Esse inventário, que poderá ser executado com diferentes níveis de aprofundamento, implicará necessariamente nos levantamentos de campo e no tratamento empírico das informações. Tendo-se o quadro ambiental da área, pode-se passar para a etapa seguinte da pesquisa.

A segunda etapa consiste na instalação das estações de experimentos e sua operacionalização. A escolha do local de implantação de estações deve levar em consideração dois fatores igualmente importantes: o logístico e o de adequação ambiental.

A questão de logística é importante, pois na pesquisa experimental é fundamental a facilidade de acesso. O pesquisador e seus auxiliares precisam estar quase que permanentemente nas estações para coletas de material e medições, ou ainda controlar o funcionamento dos medidores automáticos. Se o acesso não for facilitado, a pesquisa poderá ficar comprometida. O outro fator, o de adequação ambiental, relaciona-se ao estabelecimento claro dos parâmetros de análise, pois uma escolha inadequada dos sítios para instalação dos experimentos quanto ao aspecto do quadro ambiental, compromete os resultados da pesquisa. Assim, deve-se ter algumas variáveis de análise como dados fixos ou homogêneos preestabelecidos, para que os demais possam variar. Tomando-se o mesmo exemplo do Domínio dos Cerrados, a variável *vegetação* é um dado fixo, podendo-se desse modo variar com um grupo de estações, a forma do relevo, com outro o solo, outro ainda a exposição da vertente às chuvas de verão e assim por diante. A terceira etapa consiste no tratamento em laboratório do material coletado nas estações, seguido do tratamento estatístico dos dados numéricos obtidos ao longo do ano ou dos anos pesquisados de todas as estações. Essa fase permite chegar-se a conclusões parciais, fruto da análise laboratorial e estatística efetuada com dados coletados.

A última ou quarta etapa implica o estabelecimento de uma análise que leve às conclusões gerais, fruto da correlação das informações produzidas pela análise estatística com dados da pesquisa empírica efetuada no diagnóstico ou inventário correspondente à primeira etapa.

Ao examinar-se os trabalhos de pesquisas geomorfológicas, grande número deles demonstra explicitamente ter usado uma determinada linha metodológica. Em função do atrelamento constante dos pesquisadores brasileiros à escola francesa de geografia e dentro desta, a geomorfologia, os trabalhos quase sempre denotam tal influência. No entanto, como a própria geomorfologia francesa não se definiu claramente entre as posturas davisiana ou penckiana, no Brasil tem-se o reflexo disso. Desse modo, pode-se dizer que a pesquisa geomorfológica brasileira tem caracterizado por uma linha híbrida, que não se enquadra na maior parte dos casos, em nenhuma das duas grandes linhas de pesquisas geomorfológicas a que Abreu denominou de linhagens anglo-americana e germânica. Enquanto a linha anglo-americana evoluiu a partir do modelo proposto por W. M. Davis, chegando atualmente a uma geomorfologia quantificada, a linha germânica evoluiu a partir da teoria de W. Penck para uma geomorfologia apoiada na cartografação.

No Brasil, apesar de todas as influências nem sempre bem absorvidas, percebe-se uma tendência, cada dia mais acentuada, para a cartografação geomorfológica, principalmente pela penetração da obra de J. Tricart. A cartografia, que é ao mesmo tempo instrumento de análise e de síntese da pesquisa geomorfológica, é um dos caminhos mais claramente definidos para a pesquisa empírica no campo da geomorfologia. É fundamental, entretanto, ressaltar que, embora seja significativo instrumento de análise geomorfológica, não é exclusivo, podendo-se elaborar análises genéticas do relevo, sem se recorrer à cartografia. Por outro lado, existem várias metodologias para a elaboração de cartas geomorfológicas, cada qual refletindo as diversas correntes teóricas ou pelo menos técnicas da disciplina.

A METODOLOGIA DE CARÁTER GEOGRÁFICO

A metodologia deve representar a "espinha dorsal" de qualquer pesquisa. Para aplicação de uma determinada metodologia é preciso, por um lado, dominar o conteúdo teórico e conceitual e, por outro, ter habilidade de manuseio do instrumental técnico de apoio, e não confundir, como habitualmente acontece nas atividades de pesquisa, técnicas operacionais com método. Desse modo, fica claro que qualquer que seja o caráter da pesquisa, essa deve apoiar-se em um tripé fundamental que se define: a) pelo domínio do conhecimento específico-teórico e conceitual; b) pelo domínio da metodologia a ser aplicada; c) pelo domínio das técnicas de apoio para operacionalização do trabalho.

Preocupado com um dos elementos do tripé, que normalmente se apresenta mais complicado de ser absorvido e aplicado pelos pesquisadores, Libault (1971) apresenta uma proposta metodológica genérica, e aplicável, portanto, a diferentes segmentos de pesquisa. A proposta publicada sob o título "Os Quatro Níveis da Pesquisa Geográfica", foi elaborada em função do tratamento quantificado da informação e tem uma aplicação mais ajustada para dados de natureza numérica que possam ser traduzidos em tabelas e gráficos. Sua utilização, porém, pode perfeitamente ser empregada para pesquisas de qualquer conteúdo que seja de natureza geográfica. Libault distingue os quatro níveis de pesquisa: nível compilatório; nível correlatório; nível semântico e nível normativo. Através desses níveis, a pesquisa passa a ter claramente começo, meio e fim.

Nível Compilatório

O nível compilatório corresponde à primeira fase da pesquisa, que na realidade tem duas etapas. Não se pode compilar informações quando não se dispõe do seu levantamento. Desse modo, a primeira etapa do nível compilatório é de fato obter-se os dados, da natureza que forem.

Tratando-se de informações de natureza numérica, ou não, o volume de dados coletados é sempre muito maior do que os dados que de fato serão utilizados. Ao se trabalhar com geomorfologia, o levantamento dos dados passa pela obtenção de informações fornecidas pelas cartas topográficas, cartas geológicas, observações efetuadas no campo sobre a estrutura superficial da paisagem, medições executadas no campo, declividades das vertentes, entalhamento dos canais de drenagem, ou dados gerados em estações experimentais.

A segunda etapa do nível compilatório é de fato o que lhe dá o nome. Nessa fase, a seleção das informações é a preocupação central, e nesse momento o domínio do conhecimento teórico-conceitual é fundamental para não se desprezar dados que na realidade possam ter grande significado. Assim, no momento de compilar os dados é preciso saber selecionar, de fato, quais os que têm valor para a viabilização da pesquisa e quais, por alguma razão, deverão ser desprezados. Por outro lado, também será preciso perceber quais informações são significativas para atingir resultados interpretativos que se aproximem da verdade dos fatos reais. No âmbito da pesquisa geomorfológica, os dados de natureza morfométrica como declividades das vertentes, níveis altimétricos, densidades de drenagem, níveis de entalhamento dos canais de drenagem são extremamente importantes para a interpretação da dinâmica das formas do relevo.

Estas informações só têm sentido quando se trabalha com um grande número de dados, que possibilitem comparação e seleção e que de fato sejam significativos. Para que isso seja possível é preciso que o pesquisador saiba interpretar o que de fato está sob seus olhos, o que exige domínio do conhecimento específico.

Tomando-se outro exemplo de natureza geomorfológica: o pesquisador, com uma bateria de informações relativa às formas do relevo e dos elementos extraídos da estrutura superficial da paisagem – como tipos de solo e litologia, paleopavimentos detríticos, paleossolos, depósitos de tipo aluvial ou coluvial – terá condições, após um exame sistemático dos locais e tipos de ocorrências, de estabelecer chaves de interpretação. Para que isso seja possível é preciso entender o significado de cada fato observado e descrito.

Nível Correlativo

O segundo nível proposto por Libault, denominado de correlativo, conforme o nome indica é a fase de correlacionar os dados para posteriormente estabelecer a interpretação. A fase de correlação das informações é um momento de aprimoramento da interpretação embora ao se fazer a compilação dos dados de certo modo já se esteja operacionalizando, de forma não explícita, a análise. O correlacionamento dos dados é uma operação importante e seletiva. Não se pode correlacionar informações de diferentes naturezas, ou seja, dados heterogêneos. A correlação de dados não homogêneos leva obrigatoriamente a interpretações erradas.

Para tornar mais claro: tomam-se dados produzidos por estações experimentais que façam parte de um projeto de monitoramento de perda de solo, através de erosão laminar gerada por escoamento pluvial superficial. Para se fazer a análise, correlacionando-se dados homogêneos, é preciso, antes de mais nada, saber o que se entende pela expressão: "dados homogêneos". Significa, na realidade, dados de mesma natureza, obtidos no mesmo local, modo e momento.

Desse modo, para correlacionar dados de perda de solos de estações experimentais, é preciso que tenham sido todos gerados pelo mesmo mecanismo de erosão (por exemplo, escoamento de águas de origem pluvial), que tenham sido obtidos no mesmo tempo (ao longo de um determinado ano, mês ou dia), e que tenham sido coletados pelo mesmo sistema coletor, e preparados pela mesma sistemática laboratorial.

Há ainda que se estabelecer com clareza os conjuntos de dados extraídos das estações em que, por exemplo, as variáveis relevo e solo são fixas e alteram-se os tipos de uso da terra. Exemplificando: toma-se três estações onde o relevo com declividade de 10% tem as estações instaladas na média vertente com solo do tipo latossolo vermelho-amarelo textura média, como variáveis fixas e cada uma das estações apresentando um tipo de uso da terra. As estações A, B e C estão no mesmo tipo de segmento de vertente, com a mesma declividade e com o mesmo tipo de solo. Na estação A o uso da terra é com pastagem, na estação B com agricultura de ciclo curto e na estação C com cobertura nativa de mata. Os dados gerados em cada uma dessas estações, desde que obtidos com os mesmos procedimentos técnico-operacionais e no mesmo momento temporal, são dados homogêneos e portanto, passíveis de correlação.

Nível Semântico

O terceiro nível é o semântico, termo que segundo o *Dicionário Aurélio*, vem do grego e significa "o que assinala, o que indica", ou ainda "relativo à significação; significativo". Esse nível é portanto interpretativo, chegando-se a resultados conclusivos a partir dos dados selecionados e correlacionados nas etapas anteriores. Nesse momento da interpretação estabelecem-se as generalizações possíveis e os dados puros deixam de ser simplesmente informação factual ou numérica e assumem caráter significativo em nível de interpretação. É, portanto, o momento de se descobrir leis, de se conhecer o mecanismo de funcionamento de um determinado fenômeno e de se poder estabelecer parâmetros que possibilitem sua aplicação.

Voltando ao exemplo dos dados gerados pelas estações de experimentos A, B, e C, o terceiro nível só aparece quando o volume de informações produzidas pelas estações ao longo de um determinado período for suficientemente grande para permitir a seleção (compilação), correlação (correlativo); e dessas duas fases chegar-se à interpretação dos resultados, de modo a descobrir-se de que maneira os fatos ocorrem ou como ocorrem, quanto à erosão laminar e perdas de solos para as três situações distintas – A, B e C. São, portanto, resultados conclusivos parciais, mas que permitem um certo grau de generalização.

Não se poderá, entretanto, afirmar que a partir desses resultados, todo relevo com declividade de 10% e latossolo vermelho-amarelo textura média comporta-se exatamente do mesmo modo que as três situações pesquisadas, pois entram na análise outras variáveis que não obedecem a um controle mais rigoroso como, por exemplo, o volume, a intensidade e frequência das chuvas ao longo do tempo. No entanto, apesar das limitações inerentes a esse tipo de pesquisa, pode-se ter uma razoável aproximação do comportamento erosivo para as três situações (A, B e C) monitoradas, cujos resultados podem ser extrapolados para as áreas que guardam maior relação de semelhança com as áreas onde foram trabalhadas experimentalmente.

Nível Normativo

O quarto nível denominado pelo autor de normativo, refere-se à fase em que o produto de pesquisa se transforma em modelo. Essa modelização é representada através de cartogramas sínteses ou de gráficos que traduzem de forma mais simples e visual os produtos da pesquisa

Essa etapa também subsidia a aplicação do produto da pesquisa. Mantendo o exemplo das pesquisas com as estações experimentais A, B e C anteriormente citadas, os resultados alcançados, guardados os devidos cuidados, poderão subsidiar a tomada de medidas preventivas ou até corretivas relacionadas com os problemas de erosão laminar e a consequente perda dos solos para áreas que apresentam grande relação de semelhança com a área pesquisada Desse modo, o nível normativo não se refere exclusivamente ao estabelecimento de modelos de representação do produto de pesquisa, mas à normatização da aplicação dos resultados da pesquisa elaborada

A proposta metodológica de Libault, por ser de caráter geral, tem um espectro de aplicação bastante amplo e pode ser utilizada como "espinha dorsal", tanto para estudos de cunho geográfico de natureza socioeconômica como para as disciplinas mais vinculadas às ciências naturais. Tanto um caso como o outro, porém, melhor se aplicam quando as informações forem trabalhadas com valores numéricos, podendo assim sofrer tratamento estatístico. Em função disso, na aplicação em pesquisa de natureza empírica – como das ciências da terra, geologia, geomorfologia, pedologia entre outras –, mostra-se insuficiente, exigindo a adoção de outros procedimentos metodológicos mais específicos, que não obrigatoriamente se encaixem no procedimento metodológico geral aqui discutido. Desse modo, ao se desenvolver uma atividade de pesquisa e se escolher uma linha metodológica, é preciso ter claras as limitações inerentes à linha escolhida.

O CAMINHO BRASILEIRO PARA A PESQUISA GEOMORFOLÓGICA

No Brasil, o professor Ab'Saber, eminente geomorfólogo, após longo período de atividade científica no setor, acatou por sintetizar em poucas páginas publicadas em artigo – "Um Conceito de Geomorfologia a Serviço das Pesquisas sobre o Quaternário" – o caminho metodológico brasileiro para as pesquisas em geomorfologia. Sua proposição emergiu de exaustiva atividade de pesquisa de campo e gabinete, e certamente no âmbito metodológico da disciplina foi uma das mais significativas contribuições feitas a este país.

A proposição metodológica de Ab'Saber (1969) não passa obrigatoriamente pelo mapeamento geomorfológico, mas estabelece com clareza os níveis de tratamento que uma pesquisa sobre o relevo deve abranger. Considera que os trabalhos passam por três níveis de tratamento:

- a compartimentação topográfica, caracterização e descrição, as mais precisas das formas de relevo;
- extração de informações sistemáticas da estrutura superficial da paisagem;
- entendimento dos processos morfodinâmicos e pedogenéticos e compreensão da fisiologia da paisagem.

A proposição desses três níveis da pesquisa geomorfológica reflete nitidamente o caráter empírico dos trabalhos de Ab'Saber, e valoriza extremamente o lado da observação sistemática, através da descrição do relevo e praticamente da paisagem como um todo. Essa característica básica da proposta metodológica – de não se apoiar obrigatoriamente na elaboração de uma cartografia dos fatos geomorfológicos, mas valorizar a observação e a correlação de eventos – é herança, ainda que não consciente, dos naturalistas europeus, com a diferença de que o objeto de preocupação não é a paisagem vista de forma global, mas especificamente o relevo.

O primeiro nível de tratamento, voltado para a compartimentação topográfica e caracterização com descrição precisa das formas de relevo, associa-se na prática à identificação de unidades geomorfológicas. As formas de relevo relacionadas a cada unidade guardam normalmente um acentuado grau de semelhança decorrente da sua natureza genética

No segundo nível, propõe extrair informações da estrutura superficial da paisagem a partir de observações minuciosas dos depósitos geológicos recentes, feições geomórficas pretéritas, depósitos coluviais de vertentes, paleopavimentos detríticos, depósito de material rudáceo, paleossolos, indicadores de processos morfogenéticos comandados por paleoclimas e que permitem estabelecer correlações de fatos observados no campo com informações extraídas de outras áreas e com isso elaborar conjecturas que levam a uma interpretação genética e cronológica das formas do relevo. São portanto dados aparentemente estáticos que possibilitam uma interpretação da paleodinâmica, favorecendo a montagem do quebra-cabeças da morfogênese e da morfocronologia relativa.

O terceiro nível está vinculado com a dinâmica atual, ou seja, com a funcionalidade da paisagem como um todo. Impõe uma análise baseada em dados obtidos a partir de mensurações elaboradas através de equipamentos especiais, que dão informações relativas ao comportamento dos elementos do clima – como regime de chuvas, oscilação das temperaturas, umidade atmosférica, comportamento dos solos ou do manto de alteração face à ação física e química da água, papel da cobertura vegetal, efeitos da ação antrópica no terreno, enfim uma série de fatores motores da morfodinâmica atual.

É no terceiro nível proposto por Ab'Saber que se encaixam as pesquisas experimentais as quais, se bem conduzidas, fornecem respostas enriquecedoras para o conhecimento científico relativo às questões ambientais. Nesse campo, as atividades de pesquisa são amplas e cada vez mais especializadas e tecnicamente sofisticadas, envolvendo estudos de comportamento de todos os componentes do estrato geográfico. No âmbito da geomorfologia e pedologia são comuns os estudos vinculados aos processos erosivos superficiais, circulação d'água no solo, entre outros. São atividades desenvolvidas por pesquisadores voltados para as ciências da terra e torna-se irrelevante se a formação profissional é de geógrafo, agrônomo, geólogo, engenheiro, ou outra.

A pesquisa experimental, conforme foi dito anteriormente, não elimina a pesquisa empírica, pelo contrário, elas se completam e os resultados de uma favorecem o avanço da outra. É evidente que toda pesquisa experimental é desencadeada a partir de estudos empíricos pré-elaborados pela própria equipe ou por outros pesquisadores. A pesquisa empírica fornece o conhecimento básico que irá nortear o avanço do estágio seguinte, que é o experimento. Não se pode iniciar uma pesquisa experimental relacionada com os processos erosivos superficiais de uma determinada bacia hidrográfica, sem que se tenha efetuado um estudo empírico sobre a referida bacia. É preciso ter noção clara *do que* se quer investigar, *como* proceder, e *onde* instalar as estações de medições, para que se possa chegar a resultados confiáveis, ainda que parciais. Isso só é possível quando se tem referencial teórico-metodológico associado à utilização de equipamentos adequados, procedimentos técnicos criteriosos e satisfatoriamente operacionalizados. Verifica-se, portanto, que a proposta metodológica de Ab'Saber (1969), embora tenha sido formulada sinteticamente pelo autor, propõe nos dois primeiros níveis – o da compartimentação e de interpretação da estrutura superficial da paisagem – a pesquisa empírica. Já, no terceiro nível, o do entendimento da fisiologia da paisagem, mostra a necessidade da pesquisa experimental.

A proposta metodológica de Ab'Saber de fato é de extrema importância para os estudos geomorfológicos, por possibilitar ao pesquisador tomar uma direção e desenvolver seu trabalho. Entretanto, para entender a proposta do autor e poder implementá-la em seu trabalho, o pesquisador precisa ter razoável capacitação profissional e uma base conceitual bastante consolidada. Isto porque Ab'Saber não se preocupou, ao estabelecer a metodologia, em discutir de forma mais detalhada a teoria e os conceitos que estão por trás de sua proposição. Desse modo, é necessário lembrar que o primeiro passo é entender a compartimentação e elaborar a caracterização com a descrição das formas. É preciso mais ainda – pois para o estudioso será necessário entender a razão pela qual identificar a compartimentação é significativamente importante. É também necessário ter consciência da importância de uma descrição minuciosa das formas do relevo. Nesse sentido, o pesquisador precisará saber o significado genético e morfodinâmico que cada tipologia de forma indica.

Fato semelhante ocorre com a questão do entendimento da estrutura superficial da paisagem que, na verdade, para Ab'Saber corresponde à porção epidérmica da crosta terrestre, onde os processos geomorfológicos do quaternário atuaram e continuam atuando. Entender o que é exatamente a estrutura superficial da paisagem é um passo importante.

A seguir, é necessário conhecer o significado morfogenético de cada evento encontrado no interior dessa "estrutura superficial da paisagem". Os eventos devidamente observados, descritos, medidos e até analisados em laboratório, deverão fornecer chaves de interpretação a partir das correlações dos fatos conhecidos na área da pesquisa ou de outros locais já pesquisados.

A essência da pesquisa empírica, em geomorfologia, transparece através da observação, descrição minuciosa dos fatos observados, seu registro cartográfico e fotográfico, sua correlação com outros, conhecidos em pesquisas efetuadas em outros locais. Estes procedimentos levam o pesquisador à interpretação conjectural de caráter morfogenético e morfocronológico.

No terceiro nível de Ab'Saber fica evidenciada a necessidade da pesquisa experimental, para um adequado entendimento da funcionalidade da paisagem, embora isso também não esteja suficientemente explorado pelo referido autor.

É evidente que se precisa saber o que é exatamente a fisiologia da paisagem, conhecer, ainda que teoricamente, o papel de cada elemento do quadro ambiental, no processo de funcionamento da paisagem – como os fluxos de energia e matéria que fazem funcionar dinamicamente a paisagem. Só com esse conhecimento prévio haverá condições de desenvolver um estudo que objetive avaliar e até mesmo quantificar o comportamento da dinâmica geomorfológica e da paisagem globalmente.

Ab'Saber, ao tratar da questão metodológica, não se preocupou em dar subsídios aos procedimentos técnicos que a viabilizassem. Se por um lado é fundamental que toda atividade de pesquisa tenha apoio teórico-metodológico adequado, também é imprescindível se ter domínio das técnicas que possibilitem as pesquisas em nível do tratamento das informações, e que permitam análises interpretativas dos resultados.

A proposta metodológica de Ab'Saber oferece um caminho aos pesquisadores em geomorfologia, principalmente aos vinculados à geomorfologia climática e fundamentalmente àqueles interessados na pesquisa acadêmica.

AS CONCEPÇÕES TEÓRICO-METODOLÓGICAS DA PESQUISA EM GEOMORFOLOGIA NO LESTE EUROPEU

A concepção teórico-metodológica empregada em pesquisas de geomorfologia na URSS e de certo modo na Europa Oriental, sobretudo Checoslováquia e Polônia, tem sua raiz na produção do conhecimento científico da Alemanha do século XIX e na primeira metade do século XX.

Os estudos de geomorfologia desenvolvidos através do apoio da cartografia geomorfológica, elaborados por pesquisadores como Basenina & Trescov (1972), Basenina Aristorchova, Lukosov (1976), Klimazeweski (1963), Demek (1967), são fruto da contribuição teórica de Gerasimov, Mescherikov e fundamentalmente das ideias de

W. Penck. Os trabalhos publicados na década de 1970 pelos soviéticos apoiam-se na cartografia geomorfológica voltada para a aplicação em geologia, e denominam-na de carta morfoestrutural.

Essas cartas geomorfológicas para serem produzidas necessitam de pesquisa tanto de gabinete quanto de campo, com a utilização de cartas topográficas, geológicas, fotos aéreas, imagens de radar e satélite. São produtos cartográficos que ao mesmo tempo norteiam as pesquisas e tornam-se representações sínteses do objeto pesquisado. A denominação de cartas morfoestruturais, ao invés de carta geomorfológica deve-se ao forte atrelamento desse tipo de representação às estruturas que sustentam o modelado.

Os conceitos de morfoestrutura e de morfoescultura estabelecidos a partir de Gerasimov (1946), Gerasimov & Mescherikov (1968) e Mescherikov (1968) fornecem uma nova direção teórico-metodológica para os estudos de geomorfologia. Esses pesquisadores, apoiados na concepção de W. Penck, estabeleceram uma classificação do relevo terrestre em três categorias genéticas principais necessárias à análise geomorfológica. Essas categorias são os elementos da geotextura, da morfoestrutura e da morfoescultura.

A geotextura corresponde às grandes feições da crosta (emersa e submersa), sempre associadas às manifestações de amplos processos dela.

As morfoestruturas são de diferentes origens e idades. De modo simplificado pode-se citar como exemplos de morfoestruturas as regiões de plataformas ou cratons, bacias sedimentares e cadeias orogênicas. Em termos de interpretação as morfoestruturas não podem ser consideradas como um substrato passivo, mas um elemento ativo no processo de desenvolvimento do relevo.

As morfoesculturas correspondem ao modelado ou à tipologia de formas geradas sobre uma ou várias estruturas através da ação exogenética. O conceito de morfoescultura volta-se, portanto, às feições do relevo produzidas na terra, pela ação dos climas atuais e pretéritos e que deixam marcas na superfície do terreno, específicas de cada processo dominante. Desse modo, a concepção de morfoescultura refere-se às formas menores do relevo, enquanto as morfoestruturas referem-se às formas particularmente grandes.

Isso significa que sobre uma determinada morfoestrutura pode-se encontrar uma ou mais unidades morfoesculturais, ou ao contrário, em duas ou mais unidades morfoestruturais pode-se encontrar apenas uma unidade morfoescultural.

Não se pode identificar e classificar o relevo simplesmente pela morfologia e morfometria, mas acima de tudo pelos processos morfogenéticos. Tomando-se como exemplo uma morfoestrutura do tipo cadeia orogênica, tem-se, ou pelo menos pode-se ter, uma ou mais morfoesculturas. Se essa cadeia orogênica encontra-se em uma zona climática semiárida em um trecho e em outro em zona climática tropical úmida, o comportamento escultural das formas do relevo é distinta, porque os processos exogenéticos são muito diferentes. Desse modo, em termos da unidade morfoestrutural, há uma continuidade das macroformas do relevo, mas em termos dos processos denudacionais e da geometria das formas menores há diferenças marcantes – isto sem considerar os efeitos climáticos pretéritos.

Ocorre também a situação oposta quando a mesma unidade morfoescultural encontra-se em terrenos de duas ou mais unidades morfoestruturais. Situações desse tipo podem ser observadas em áreas em que processos denudacionais do passado, atuando agressivamente e por muito tempo, desgastaram terrenos de diferentes estruturas, gerando superfícies topográficas ou morfológicas contínuas. Essas unidades morfoesculturais serão portanto identificadas principalmente por suas gêneses e pelos níveis morfológicos que apresentam. Desse modo, ao se ter, lado a lado, duas unidades morfoestruturais total ou parcialmente arrasadas e niveladas por ciclos erosivos pretéritos e retrabalhados pelo clima atual, percebe-se que ambas pertencem à mesma unidade morfoescultural, não tanto pelas formas menores que ocorrem, mas principalmente pela macrocompartimentação topográfica e morfológica resultante de processos denudacionais pretéritos. Portanto, o que define essas unidades não é simplesmente o modelado e os processos atuais, mas sua gênese.

Cabe ressaltar, porém, que as morfoestruturas, bem como as morfoesculturas podem ser tratadas em diferentes ordens de grandeza Mescherikov (1968), em função disso, estabelece um esquema geral de classificação do relevo terrestre, que possibilita nortear as pesquisas em geomorfologia. Essa classificação, organizada em um quadro, apresenta três colunas, sendo que a primeira representa a superfície do terreno ou a dimensão especial, a segunda os elementos morfoestruturais e a terceira as categorias morfoesculturais, de acordo com Quadro I.

Conforme pode-se verificar, Mescherikov estabelece vários taxons, tanto para os elementos estruturais, quanto para as categorias esculturais; e fica evidente que todo o relevo da terra, qualquer que seja sua dimensão, tem a influência da estrutura que lhe impõe um comportamento morfoestrutural, e também a influência do clima atual e pretérito que determina o comportamento morfoescultural. Esta concepção é a própria expressão redimensionada das ideias de W. Penck sobre os processos endógenos e exógenos.

QUADRO I
Esquema Geral de Classificação do Relevo da Terra

Superfície em km^2	Elementos Morfoestruturais (Morfotectônica do Relevo de Continentes e do Fundo do Mar)	Categorias Morfoesculturais do Relevo	
		Terra Firme	**Fundo dos Oceanos e Mares**
$10^7 - 10^6$	Morfotecturas de 1ª ordem – massas continentais e depressões oceânicas	Zonas morfoesculturais – criogênica – glacial – fluvial – árida – etc.	Zonas morfoesculturais: – zonas circumpolares de formas glaciais – zonas de latitudes temperadas – zonas tropicais e equatoriais
$10^6 - 10^5$	Morfotecturas de 2ª ordem – planos de plataforma, zonas orogênicas		
$10^5 - 10^3$	Morfoestruturas de 1ª ordem – planaltos, baixas regiões planas, cadeias de montanhas, depressões extensas, etc.	Províncias morfoesculturais Províncias de morfoesculturas fluvial de tipo Mediterrâneo, províncias de erosão glacial, províncias de acumulação, etc.	
$10^3 - 10^2$	Morfoestruturas de 2ª ordem – bombeamentos tectônicos marcados no relevo, depressões tectônicas, etc.	Regiões morfoesculturais de morainas frontais, de relevo cárstico, etc.	
$10^2 - 10$	Morfoestruturas de 3ª ordem – anticlinais marcadas no relevo, fossas recentes, cumeadas, etc.	Formas particulares do relevo determinadas sobretudo pelos fatores exogenéticos. Vales fluviais, formas cársticas, etc.	Vales submarinos, formas de acumulação de icebergs
$10 - 10^{-1}$	Microrrelevo tectônico, diques, fendas.	Pequenas formas de relevo de origem exógena. Solos poligonais, pequenos hidrolacólitos.	

Fonte: Mescerjakov, J. P. *Les Concépts de Morphoestruture et Morphoesculture.* Paris, Annales de Geographie, 1968.

Toda essa concepção de entender o relevo através da aplicação dos conceitos de morfoestrutura e morfoescultura que levam à análise geomorfológica passa obrigatoriamente pela cartografia geomorfológica. Desse modo, fica marcada a forte dependência entre a pesquisa geomorfológica apoiada na elaboração simultânea de uma carta do relevo, onde o mapa é ao mesmo tempo instrumento de análise e documento de síntese da pesquisa.

A carta geomorfológica deve conter as informações morfométricas, morfográficas, morfocronológicas e de morfogênese, sendo que nessa última, o estrutural e o escultural precisam ser valorizados. Por outro lado, merece destaque o fato de que dependendo do local da pesquisa e da escola de tratamento, há uma tendência em valorizar-se mais o estrutural ou então o escultural.

A cartografia geomorfológica insere-se como atividade obrigatória na metodologia proposta pelos geomorfólogos soviéticos, tais como Basenina & Trescov (1972), Basenina, Aristorchova & Lukasov (1976) entre outros.

Abreu (1982), apoia-se fundamentalmente na proposta de Basenina, Aristorchova, Lukasov (1972), que desenvolveram o método da análise morfoestrutural o qual estabelece uma sequência de atividades de caráter técnico-operacional para chegar à análise geomorfológica de uma determinada área. E sugere as seguintes etapas:

1. análise das cartas geológicas e tectônicas com compilação dos principais falhamentos;
2. análise das cartas topográficas objetivando a construção de uma carta de rupturas tectônicas;
3. elaboração de uma carta dos elementos do relevo com dados morfométricos e morfográficos;
4. elaboração de uma bateria de perfis topográficos acompanhados das informações geológicas;
5. interpretação de fotos aéreas, imagens de radar e satélite para conhecer a morfologia e a gênese dos elementos do relevo;
6. pesquisa de campo para extrair informações da estrutura superficial da paisagem e executar correções das decisões tomadas em gabinete;
7. tratamento integrado dos dados para chegar à análise geomorfológica e à carta geomorfológica final.

Nas propostas metodológicas dos autores soviéticos, bem como na de Abreu, não se discute a questão relativa aos níveis de tratamento ou às escalas de abordagem. Isso, porém, não significa que não tenha importância. Na realidade, de acordo com a extensão da área de pesquisa, o nível de informação que se pretende trabalhar e os instrumentos de apoio disponíveis, os procedimentos técnico-operacionais sofrem mudanças, bem como se modifica o modo de representação cartográfica das formas do relevo.

Desse modo, fica evidente que a pesquisa geomorfológica fica na dependência da escala de trabalho e da apresentação final. Não se pode pretender que o grau de resolução e o resultado de uma pesquisa seja o mesmo se operacionalizada em escalas muito diferentes como por exemplo 1:10.000 e 1:50.000. É fato consagrado que o grau de generalização do trabalho executado na escala 1:50.000 é obrigatoriamente maior do que na escala 1:10.000. A generalização tende a aumentar à medida que a escala diminui. Assim em escalas médias com 1:100.000, 1:250.000 o grau de generalização é maior ainda, caminhando para generalizações extremas nas escalas pequenas com 1:1.000.000, 1:2.500.000.

Com a preocupação de aprimorar a questão do problema da sistematização na pesquisa geomorfológica, Demek (1967) propõe a normatização a partir de três unidades taxonômicas básicas a que chamou de:

- superfícies geneticamente homogêneas;
- formas do relevo;
- tipos de relevo.

Essas três unidades taxonômicas dispõem-se em ordem crescente da menor unidade que é a superfície geneticamente homogênea para a maior, representada pelos tipos de relevo.

A superfície geneticamente homogênea é, portanto, a menor área homogênea quanto à gênese de uma forma de relevo. Pode-se entender melhor tomando-se como exemplo a forma de relevo de um terraço fluvial. O terraço fluvial constitui-se obrigatoriamente por duas unidades do taxon denominado superfície geneticamente homogênea, ou seja, a superfície plana gerada pelo antigo nível de acumulação; e a rampa gerada por erosão que delimita a superfície plana antiga do atual nível da planície do rio que lhe deu origem.

Um outro exemplo pode ser extraído da forma de relevo em colinas. Uma colina que é uma forma de relevo pode apresentar duas ou mais superfícies geneticamente homogêneas. O topo convexo, o segmento convexo da vertente, e o segmento côncavo da mesma vertente são unidades distintas da forma de relevo chamada de colina e, portanto, apresentam dinâmica e gêneses diferentes. Desse modo, os segmentos exemplificados, caracterizam-se por três superfícies geneticamente homogêneas distintas que juntas constituem a unidade superior: a forma do relevo.

Os tipos de relevo compõem-se pelo conjunto das formas de relevo, como por exemplo, uma área onde predominam formas em colinas.

Esse conjunto de colinas define, portanto, um padrão de formas com elevado grau de semelhança entre si e a isso Demek denominou de tipo de relevo.

O tipo de relevo é, portanto, uma unidade taxonômica superior em relação à forma do relevo, e se define por um conjunto de formas mais ou menos delineadas, apresentando as mesmas elevações absolutas, a mesma gênese, dependendo da mesma morfoestrutura, os mesmos conjuntos de agentes morfogenéticos e a mesma história de desenvolvimento.

Com a concepção proposta por Demek (1967), resolve-se de modo mais claro as abordagens da pesquisa geomorfológica, calcadas no mapeamento do relevo, apoiadas nos conceitos de morfoestrutura e morfoescultura de Gerasimov e Mescherikov, ou ainda, na proposta de operacionalização de pesquisa geomorfológica de Basenina, Aristarchova e Lukasov denominada de métodos para análise de morfoestruturas, baseada em cartas e fotografias aéreas. Desse modo, enquanto Gerasimov e Mescherikov estabelecem os conceitos que norteiam a pesquisa, Basenina, Aristarchova e Lukasov descrevem um receituário para operacionalizar a análise geomorfológica, e Demek clarifica como tratar a questão da identificação e classificação genética do relevo, através do mapeamento geomorfológico sistemático.

Dentro da linha metodológica dos geomorfólogos soviéticos e da Europa Oriental, a pesquisa geomorfológica está extremamente atrelada à cartografia temática do relevo, de cunho morfogenético, embasada na teoria de Walter Penck. Desse modo, o entendimento das formas atuais do relevo passa por adequada interpretação das influências endogenéticas e exogenéticas atuais e pretéritas. É, portanto, uma interpretação dinâmica do modelado da superfície terrestre e, consequentemente, importante instrumento de apoio nos estudos de caráter ambiental, de geomorfologia aplicada ao planejamento físico territorial, e geomorfologia aplicada às grandes obras de engenharia e às pesquisas geológicas voltadas para a prospecção de recursos minerais.

OS PRINCÍPIOS DA PESQUISA GEOMORFOLÓGICA NA FRANÇA

A proposta metodológica de Tricart (1965), expressão máxima da geomorfologia francesa, traduz-se por um manual de pesquisa em geomorfologia, publicado com o título *Principes et Méthodes de la Géomorphologie*, onde discute exaustivamente os princípios, conceitos e os procedimentos operacionais para o desenvolvimento de pesquisas em geomorfologia. É um trabalho de grande importância e que jamais poderá ser deixado de lado ao se executar uma pesquisa em geomorfologia.

Nessa publicação fica evidenciada a preocupação com os níveis de tratamento que se deve ter ao executar uma pesquisa. Em função disso, Cailleux-Tricart propõem uma classificação taxonômica para os fatos geomorfológicos que sintetizam, em um quadro, a postura dos autores quanto ao tratamento que se deve dar aos estudos geomorfológicos.

Embora o quadro-síntese não demonstre a relação intrínseca que há entre as ordens de grandeza dos fatos geomorfológicos e as escalas de pesquisa, na realidade pressupõe-se que cada nível de tratamento encaixa-se em uma determinada ordem de grandeza temporal e espacial. Há, portanto, uma relação fundamental entre os taxons dos fatos geomorfológicos e as escalas de pesquisa. Fica evidenciado pelo autor que um fato geomorfológico, por exemplo da III ordem de grandeza, não pode ser analisado com os mesmos critérios ou pelo menos com os mesmos instrumentos de análise de um fato geomorfológico pertencente às VI ou VII ordens.

Isso se aplica em função da dimensão espacial e temporal e o grau de detalhe maior ou menor da pesquisa. Desse modo, quanto maior for a extensão da unidade taxonômica, maior será o grau de generalização e menor será a escala de tratamento. Traduzindo: o trabalho, por exemplo, com uma unidade de dimensão da bacia do Paraná, necessariamente deverá ser executado em escala pequena, (1:1.000.000, 1:2.500.000) o que leva fatalmente à generalização das informações. Por outro lado, ao se trabalhar com um fato geomorfológico como uma pequena bacia hidrográfica de 10 ou 20 km^2, certamente será necessário um nível de tratamento que utilize escalas de detalhe, onde a generalização é muito pequena. Nesse segundo caso, os instrumentos de pesquisa levarão a maior detalhe, com a utilização de escalas grandes como 1:10.000, 1:5.000.

Nos estudos voltados para a geomorfologia aplicada, como de certa forma é a tendência atual no Brasil em função da obrigatoriedade dos estudos ambientais, as contribuições de Tricart (1977) se completam quando propõe que a paisagem seja analisada pelo seu comportamento dinâmico, partindo da identificação das unidades de paisagem que denomina de unidades ecodinâmicas. A unidade ecodinâmica se caracteriza por uma certa dinâmica do ambiente e tem repercussões imperativas sobre as biocenoses. A morfodinâmica, conforme acentua Tricart, é elemento determinante no entendimento do processo, e esse depende do clima, relevo, material rochoso, solos, cobertura vegetal entre outros. De acordo com Tricart:

> O Conceito de Unidades Ecodinâmicas é integrado no conceito de ecossistema. Baseia-se no instrumento lógico de sistemas, e enfoca as rela-

ções mútuas entre os diversos componentes da dinâmica e fluxos de energia e matéria no meio ambiente. Portanto, é completamente distinto do ponto de vista estático do inventário. Um inventário pode ser útil para a ordenação e administração do território, mas, somente quando se trata de recursos não renováveis, como os minerais, não é adequado para os recursos ecológicos. Com efeito, a gestão dos recursos ecológicos deve ter por objetivo a avaliação do impacto da inserção da tecnologia humana no ecossistema. Isso significa determinar a taxa aceitável de extração de recursos, sem degradação do ecossistema, ou determinar quais as medidas que devem ser tomadas para permitir uma extração mais elevada com a menor degradação possível. Esse tipo de avaliação exige bom conhecimento do funcionamento do sistema, ou seja, dos fluxos de energia/matéria que o caracterizam. Um inventário não pode fornecê-los, exatamente como um único censo de população não permite definir a dinâmica dessa população.

A atuação do homem como ser racional e como agente econômico gerador de riquezas, normalmente, ao intervir no ambiente natural, afeta de imediato a cobertura vegetal, retirando-a toda ou parcialmente e inclusive na maior parte das vezes eliminando-a através de queimadas. De acordo com Tricart isso repercute sobre:

1. a energia da radiação que alcança o solo e, por sua vez, as temperaturas do solo, com efeito sobre a respectiva flora e fauna, a mineralização do humus, a nitrificação, etc., ou seja, a fertilidade desse solo;
2. a queda de detritos vegetais na superfície do solo e, em consequência, a nutrição dos organismos redutores, a estrutura do solo e sua resistência à erosão pluvial e, por conseguinte, o regime hídrico e a reciclagem dos elementos minerais pelas plantas;
3. a intercepção das precipitações, tempo de concentração, e a energia de impacto das gotas, que determinam a possibilidade de erosão pluvial. Novamente chega-se assim ao regime hídrico;
4. a proteção do solo contra as ações eólicas, capazes de intensa degradação das terras.

Entre as consequências desastrosas da remoção do manto protetor que a vegetação exerce sobre o terreno está o de facilitar o escoamento concentrado das águas pluviais e diminuir drasticamente a taxa de infiltração desta no solo. Desse modo, deixa de ser um recurso capaz de alimentar as plantas, os animais e os homens através de fontes e poços, sobretudo no período de seca, para tornar-se destrutiva causando inundações, degradação da fertilidade dos solos pela lavagem dos horizontes férteis destes, deslizamentos de terra que afetam obras públicas, cidades e inclusive vidas humanas.

Partindo do princípio de que o ambiente natural apresenta uma dinâmica que causa alterações frequentemente imperceptíveis aos olhos humanos e que isso pode se processar em diferentes velocidades – de forma harmoniosa ou catastrófica –, Tricart propõe a identificação das unidades ecodinâmicas em três categorias denominadas:

- meios estáveis;
- meios intergrades;
- meios fortemente instáveis.

As unidades ecodinâmicas que, segundo o autor, apresentam comportamento morfodinâmico estável têm como características:

1. cobertura vegetal densa capaz de pôr freio eficaz ao desencadeamento dos processos mecânicos da morfogênese;
2. dissecação moderada do relevo, sem incisão violenta dos cursos d'água, sem solapamentos vigorosos dos rios, e vertentes de lenta evolução;
3. ausência de manifestações vulcânicas e abalos sísmicos que possam desencadear paroxismos morfodinâmicos de aspectos mais ou menos catastróficos.

Essas condições favorecem os processos pedogenéticos em detrimento dos morfogenéticos, em decorrência da baixa capacidade energética da ação das águas para arrancar e transportar material. As unidades ecodinâmicas com comportamento morfodinâmico intergrades, de acordo com o autor correspondem àqueles que estão em transição, ou seja, de passagem gradual entre os meios estáveis e os instáveis. Assim, o que caracteriza tal situação é o balanço entre as interferências morfogenéticas e pedogenéticas.

O comportamento morfodinâmico fortemente instável ocorre com as unidades ecodinâmicas que apresentam características de desequilíbrio ou de instabilidade morfogenética, favorecendo os processos morfogenéticos em detrimento dos pedogenéticos. Entre os fatores que favorecem o quadro instável estão:

1. condições bioclimáticas agressivas, com ocorrência de variações fortes e irregulares de chuvas, ventos, geleiras;
2. relevo com vigorosa dissecação, apresentando declives fortes e extensos;
3. presença de solos rasos ou constituídos por partículas com baixo grau de coesão;
4. inexistência de cobertura vegetal florestal densa;
5. planícies e fundos de vales sujeitos a inundações;
6. geodinâmica interna intensa (sísmicos e vulcanismo).

A análise morfodinâmica, preconizada por Tricart, leva às classificações das unidades ecodinâmicas em estáveis, integradas e instáveis, e baseia-se:

1. no estudo do sistema morfogenético, que é função das condições climáticas;
2. no estudo dos processos atuais, caracterizando os tipos, a densidade e a distribuição;
3. nas influências antrópicas e os graus de degradação decorrentes;
4. nos graus de estabilidade morfodinâmica derivados da análise integrada dos sistemas morfogenéticos, dos processos atuais e da degradação antrópica.

A análise proposta, obrigatoriamente passa pelo inventário do quadro ambiental, quer seja ele natural ou antropizado e se traduz objetivamente em um diagnóstico, à medida que as informações inventariadas sejam confrontadas e avaliadas integradamente. O inventário elaborado implica o registro cartográfico dos eventos ou objetos de estudo, e desse modo tende-se a cartografar a litologia e as estruturas; as formações superficiais representadas pelos solos, paleossolos, depósitos coluviais; a natureza do manto de alteração; a cobertura vegetal natural; os tipos de usos da terra; os processos erosivos e degradacionais, materializando desse modo os fatos observados e identificados no transcorrer da pesquisa.

Fica assim evidente que a análise morfodinâmica, que é uma temática eminentemente geomorfológica, pode e deve ser tratada via cartografia geomorfológica genética e cronológica e chegar à cartografia que retrata a dinâmica das formas e, ainda, revelar os graus de sensibilidade que o quadro ambiental apresenta. É claro, entretanto, que para chegar à análise morfodinâmica documentada por carta temática, o caminho da pesquisa geomorfológica é inevitável. Assim, pode-se praticamente considerar que para se ter a cartografia da dinâmica do relevo como fim, precisa-se da cartografia geomorfológica como instrumento analítico. Tricart denomina o documento cartográfico síntese resultante da análise morfodinâmica, de *carta ecodinâmica*.

O exemplo apresentado pelo autor da carta ecodinâmica guarda as mesmas características das cartas geomorfológicas que seguem a linha francesa e sobretudo a de Tricart. São documentos de grande complexidade em função da elevada densidade de informações que os tornam de difícil leitura

A carta ecodinâmica registra, através de manchas coloridas e símbolos lineares e pontuais de diversas cores, uma grande gama de informações superpostas. Com isso tem-se a intenção de representar de modo mais fidedigno a realidade, embora acabe-se por gerar grande dificuldade na decodificação e consequentemente no entendimento dos fatos registrados.

A referida carta tem em seu corpo de legenda, informações seccionadas em agrupamentos de boxes de acordo com sua categoria. Os boxes que representam a litologia e as condições edáficas (tipologia de rochas e de formações superficiais) se diferenciam pelos tipos de ornamentos (tramas). No boxe das classes de declividades e topografias, as diferenciações são dadas por tonalidades de cores que aparecem no mapa em manchas; nos recursos hídricos por símbolos lineares em cores azul e preto. Na representação da dinâmica, novamente símbolos lineares e ornamentos (em manchas) coloridas em sépia e azul; as obras e construções humanas também em símbolos pontuais e lineares pretos e azuis. É, sem dúvida, uma representação cartográfica rica e de grande valor como documento analítico, pelo fato de representar uma síntese fidedigna da pesquisa elaborada. Por outro lado, apresenta o inconveniente de ser de difícil leitura e de necessitar do recurso das cores para ser reproduzida, o que a torna na prática sofisticada.

5
CARTOGRAFIA GEOMORFOLÓGICA INSTRUMENTO DE ANÁLISE E SÍNTESE

Os mapas geomorfológicos, ao contrário dos demais mapas temáticos, apresentam um grau de complexidade maior. Essa complexidade decorre da dificuldade de se apreender e representar uma realidade relativamente abstrata – as formas do relevo –, sua dinâmica e gênese. O solo, a vegetação, a geologia e os recursos hídricos são mais facilmente representados pelo fato de apresentarem uma classificação taxonômica internacionalmente consagrada.

Esses componentes da natureza mostram seus elementos mais concretamente identificados e suas representações se processam de forma estática, quer pela fisionomia, tipo ou idade. Geralmente utilizam-se de grupos de cores que simplesmente indicam manchas de ocorrência de um determinado fenômeno, e são comumente acompanhadas de uma simbologia gráfica: traços lineares e letras-símbolos que normalmente aparecem para reforçar a informação da cor ou então indicar componentes da mesma família ou grupo.

No caso dos mapas geomorfológicos, os fatos concretos a serem representados são as formas do relevo de diferentes dimensões (vertente, colina, morro, serra, etc.). Entretanto, para a identificação e registro destas formas, emergem algumas questões como: de que maneira representá-las? O que se vai considerar como forma de relevo? Qual tratamento taxonômico será empregado?

Em um segundo nível de preocupação está o problema de se dar outras informações, além da identificação e classificação das formas, tais como a gênese, a idade ou ainda os processos morfogenéticos atuantes (dinâmica). Como se não bastasse, há ainda a questão de se estabelecer o grau de detalhamento ou de generalização, haja visto que sempre a representação cartográfica é uma abstração da realidade ou da verdade terrestre. Entra ainda a questão da escala de tratamento ou de representação, que irá permitir ou não a impressão de um número maior ou menor de informações.

IMPORTANTE NA PESQUISA DE RELEVO

Embora haja todas essas questões, o fato é que o mapa geomorfológico é um importante instrumento na pesquisa do relevo, correspondendo ao que Tricart (1963) apresenta como sendo o que "constitui a base da pesquisa e não a concretização gráfica de pesquisa já feita". Ele é ao mesmo tempo o instrumento que direciona a pesquisa e quando concluído deve representar uma síntese como produto desta. Assim, a carta geomorfológica é indispensável na questão do inventário genético do relevo. Para tanto, ao se elaborar a carta geomorfológica há que:

1. fornecer elementos de descrição do relevo;
2. identificar a natureza geomorfológica de todos os elementos do terreno;
3. datar as formas.

Para Tricart, os elementos de descrição do relevo são informações que devem ser retiradas das cartas topográficas. Entretanto, estas não são suficientes, sendo necessário acrescentar informações de natureza específica que a simples carta topográfica não fornece como, por exemplo, rupturas topográficas, rebordos de pequenos patamares, etc. A identificação da "natureza geomorfológica dos elementos do terreno" é feita através de simbologia gráfica e é de caráter genético, pois ao se registrar, por exemplo, um *front de cuesta*, ou uma crista sinclinal, está-se fornecendo informações ligadas à gênese.

A datação das formas, ainda que relativa, é primordial para que se possa identificar o que são formas herdadas das formas vivas que continuam a se desenvolver na atualidade e, ao mesmo tempo, ajuda na explicação da gênese.

Tricart, ao discutir a concepção e os princípios da carta geomorfológica detalhada, lembra que a descrição razoável dos fatos geomorfológicos representa categorias de fenômenos muito diferenciados, segundo a escala adotada. Afirma que as cartas de pequena escala em função da natureza das coisas são orientadas para representar principalmente os fenômenos morfoestruturais e, portanto, ligam as ordens de grandeza superiores, acima de uma a algumas dezenas de km^2. Já as cartas de escalas maiores e portanto de detalhe, enquadram-se em ordens de grandeza inferior, correspondendo às formas cujas dimensões são iguais ou inferiores a uma dezena de km^2, assumindo maior significado as formas esculturais. Afirma também que as cartas geomorfológicas detalhadas devem compor-se de dados de quatro naturezas diferentes:

QUATRO NATUREZAS

1. dados morfométricos, obtidos a partir da carta topográfica;
2. informações morfográficas – que devem ser registradas através de simbologia que indique não só o fenômeno, mas a sua origem como, por exemplo, escarpa de falha ao invés de simplesmente escarpa;
3. dados morfogenéticos – as formas registradas no mapa através de símbolos devem indicar sua gênese, como terraço fluvial, planície fluviolacustre, etc. O símbolo deve dar ao mesmo tempo a informação descritiva e genética. Isto torna as informações morfográficas estreitamente ligadas às morfogenéticas;
4. cronologia – a idade das formas também deve ser estabelecida, distinguindo-se as formas funcionais das formas herdadas (paleoformas). As paleoformas indicam os processos pretéritos, enquanto que as formas atuais permitem definir o sistema morfogenético operante na região.

A visão de Annakein (1956) apud Troppmair & Mnich (1969) é de que as cartas geomorfológicas são basicamente de três tipos:

- cartas morfográficas – quando se preocupam apenas em representar as diferentes formas topográficas;
- cartas morfométricas – quando a preocupação central é fornecer os valores quantitativos das formas topográficas;
- cartas genéticas – representam a gênese das formas topográficas, bem como a cronologia dos processos genéticos.

Entretanto, a subcomissão da União Geográfica Internacional, para assuntos de geomorfologia, estabeleceu que as cartas geomorfológicas devem conter informações sobre as formas, a gênese, a idade e as tendências atuais da evolução e, portanto, as indicações morfométricas, morfográficas, morfogenéticas e morfocronológicas.

Troppmair & Mnick levantam ainda a questão da representação cartográfica, que pode ser a partir de formas isoladas do relevo, ou a partir dos elementos do relevo. Enquanto no primeiro caso a representação seria da forma toda através de um símbolo (cor, letra-símbolo, etc.), para o segundo, cada elemento da forma recebe uma informação diferenciada (também através de cores ou símbolos gráficos). Mesmo no nível de tratamento genético essa distinção é feita, pois enquanto para no primeiro tipo de tratamento as formas recebem uma denominação de caráter genético, como por exemplo planície "fluvial", "marinha", "lacustre", para o segundo caso o tratamento é diferenciado, pois se uma forma compõe-se de vários elementos, podem ocorrer gêneses diversas. Essa questão, porém, parece muito mais uma dependência da escala de tratamento e material utilizado, do que da metodologia empregada.

Ao se elaborar uma carta geomorfológica em escalas médias, é impraticável tratar o relevo através dos elementos das formas, enquanto em uma escala de detalhes isso passa a ser condição básica.

TRÊS UNIDADES DE TAXONOMIA

Nessa direção, Demek propõe que as cartas geomorfológicas de detalhe devem utilizar-se de três unidades básicas de taxonomia representadas pelas:

- superfícies geneticamente homogêneas;
- formas do relevo;
- tipos de relevo.

Para Demek, a menor unidade taxonômica é a superfície geneticamente homogênea, que resulta de um determinado processo ou de um complexo de processos geomorfológicos. Essa unidade taxonômica é condicionada por processos de três origens: os endógenos, os exógenos e os antrópicos.

A composição de superfícies geneticamente homogêneas resulta nas formas do relevo. Já o tipo de relevo que corresponde à terceira unidade é representado por um complexo de formas mais ou menos distintamente delimitadas, dotadas de mesma elevação absoluta, mesma gênese e dependendo da mesma morfoestrutura.

Fica evidente que para Demek a cartografia geomorfológica tem como unidade menor de representação os elementos das formas, que ele chama de superfícies geneticamente homogêneas, por exemplo a vertente convexa de uma colina. Essas superfícies são divididas em grupos de acordo com o grau de inclinação, origem e idade. As formas do relevo compõem-se pelos elementos de forma; ou seja, a colina que é uma forma compõe-se pelo segmento da vertente convexa, vertente côncava, topo convexo e fundo de vale. Já o tipo de relevo é o conjunto das colinas que definem um determinado padrão de formas de relevo semelhantes entre si tanto fisionômica, quanto geneticamente.

Os três primeiros grupos são formas criadas por: processos endógenos (neotectônica, vulcanismo, etc.) os processos exógenos que correspondem às superfícies de erosão e acumulação (gravitacional, fluvial, glacial, etc.) e as superfícies criadas pelo homem.

Bakker (1963) afirma que se deve partir do princípio de que muitos tipos de mapas morfológico-morfográficos são possíveis, pois a natureza dos mapas geomorfológicos pode ter um propósito funcional. Nesse sentido diz que os mapas geomorfológicos podem ser mais ou menos compromissados com os princípios da:

- caracterização morfológica;
- interpretação genético-geomorfológica;
- datação (cronologia);
- caracterização do substrato;
- sedimentologia ou sedimento-pedologia.

Levanta ainda a questão de que a opção por um desses princípios decorre não só dos propósitos preestabelecidos, mas também de alguns fatores, tais como o da disponibilidade do material de apoio e do equipamento para a análise.

UNANIMIDADE QUANTO AO CONTEÚDO

Dentro do que foi até aqui exposto, fica claro que os geomorfólogos em geral são unânimes quanto à questão do conteúdo geral dos mapas. Independentemente da maneira de representação gráfica que pode divergir entre as diversas linhas de trabalho, o fato é que em geral os mapas devem informar sobre os tipos de formas de relevo, gênese e idade.

No entanto, o que parece mais problemático é a questão relativa à padronização ou uniformização da representação cartográfica, pois ao contrário de outros tipos de mapas temáticos, não se conseguiu chegar a um modelo de representação que satisfaça os diferentes interesses dos estudos geomorfológicos. Isso parece ser um problema incontrolável na medida em que a produção dos mapas geomorfológicos está à mercê de interesses diversos, de acordo com suas finalidades: de natureza metodológica; quanto aos objetivos e finalidades específicas; quanto ao tipo de material disponível para a execução do trabalho; e quanto à escala de tratamento.

Assim os mapas geomorfológicos, mesmo procurando mostrar as formas, a gênese e a idade são, frequentemente, muito diferentes no aspecto visual e no grau de complexidade dos fatos representados. Um dos problemas que estes mapas apresentam é a dificuldade de leitura, pois seus autores, ao procurarem a representação da natureza o mais próximo possível da verdade terrestre e, sem querer omitir informações, acabam por sobrecarregá-los tornando-os praticamente inúteis. Isso transforma esses documentos em material precioso porém quase ilegível. Em função desses problemas, ao se trabalhar com a cartografia geomorfológica é preciso ter claramente definidos os objetivos, a metodologia e a escala de representação.

Em nível experimental e de treinamento, desenvolveu-se no Laboratório de Geomorfologia, do Departamento de Geografia da FFLCH-USP, alguns trabalhos de mapeamento geomorfológico.

Esses trabalhos não estão publicados e foram inspirados na concepção de morfoestrutura e morfoescultura de Gerasimov & Mescherikov e na proposta de Demek de níveis taxonômicos aplicados a mapeamento geomorfológico. Não se trata de aplicação de um receituário importado, de técnicas e modelos, mas sim, aplicação de conceitos e proposições teóricas, tornadas práticas.

TRABALHOS COM IMAGENS DE RADAR

Fez-se várias experiências, em diferentes áreas do território brasileiro, utilizando-se imagens de radar na escala 1:250.000, e outras utilizando fotografias aéreas em escalas 1:25.000 e 1:10.000 no litoral do Estado de São Paulo. Para ilustrar, apresenta-se aqui apenas dois exemplos, um gerado na escala 1:250.000 e posteriormente reduzido para a escala 1.500.000 e outro produzido na escala 1:25.000 e generalizado para 1:50.000. O primeiro em escala pequena localiza-se na alta bacia dos rios Cuiabá e Paraguai na Folha SD-21, Cuiabá e o segundo na Ilha de Santo Amaro, município de Guarujá-São Paulo.

No exemplo da Folha Cuiabá (Quadro II), utilizaram-se as imagens de radar como principal sensor, além de cartas topográficas, geológicas e pesquisas de campo. A preocupação, desde o início, foi aplicar os conceitos de morfoestrutura e morfoescultura no mapeamento geomorfológico, utilizando o sensor radar, e ao mesmo tempo dar um tratamento taxonômico coerente seguindo os pressupostos de Demek, sem se esquecer das informações básicas que a carta geomorfológica deve conter (morfometria, morfografia, morfocronologia e morfogênese).

Os níveis taxonômicos da carta geomorfológica inspiram-se na proposição metodológica de Demek e Mescherikov e no tipo de tratamento técnico desenvolvido pelo Projeto Radambrasil (Brasil, 1982).

1º Taxon – unidades morfoestruturais – correspondem às macroestruturas, como as grandes estruturas da bacia do Paraná, Parecis, representadas por famílias de cores.

2º Taxon – unidades morfoesculturais – correspondem aos compartimentos e subcompartimentos do relevo pertencentes a uma determinada morfoestrutura e posicionados em diferentes níveis topográficos. Estes são representados por tons de uma determinada família de cor, como Patamar Baixo do Planalto dos Parecis.

3º Taxon – modelado – corresponde aos agrupamentos de formas de agradação (relevo de acumulação) e formas de denudação (relevo de dissecação) representados pelas letras A e D, respectivamente.

4º Taxon – conjuntos de formas semelhantes – correspondentes às tipologias do modelado. Formas aguçadas (a), convexas (c), tabulares (t), e aplanadas (p) nos relevos de denudação, e nos relevos de agradação, as planícies fluviais (pf) e fluviolacustres (pfl).

Guarujá – Formas de relevo de origem antrópica. Desmontes do morro e aterro do mangue. (Foto de Gelze Serrat e Juliana Emura.)

QUADRO II
Modelo de Representação do Relevo (Alto Cuiabá – Paraguai)

Unidades Morfoesculturais e cronologia	Unidades Morfoestruturais						
	Bacia do Parána	**Bacia do Parecis**	**Dobramentos do Cuiabá**	**Dobramentos do Alto-Paraguai**	**Intrusão de São Vicente**	**Complexo intrusivo metamórfico Guapeí – Rio Branco**	**Pantanal**
Holoceno		☐ Planícies aluviais e entalhamento dos canais de drenagem					
Pleistoceno	☐ Planalto do Patamar inferior – rio da Casca	☐ Depressão Periférica do rio Arinos	☐ Nível baixo da Depressão Cuiabana ☐ Nível alto da Depressão Cuiabana	☐ Depressões Anticlinais; Corredores arrasados por erosão: Vales Sinclinais; Depressão do rio Paraguai	☐ Morros rebaixados e cristas baixas	☐ Depressões do rio Branco-Jauru	☐ Depressão do rio Paraguai
Pliopleistoceno	☐ Planalto do Patamar intermediário – rio da Casca	☐ Planalto de Tapirapuã ou Patamar intermediário					
Oligomioceno	☐ Chapada dos Guimarães	☐ Chapada dos Parecis				☐ Planalto do Rio Branco	
Pré-Cretáceo			☐ Planalto da Bacia do rio Arruda	☐ Topos planos ou retilinizados da Província Serrana	☐ Topos retilinizados altos da Serra de São Vicente		

Morfologia

A – Relevos de Agradação

Apf – planícies fluviais
apfl – planícies fluviais e lacustres

D – Relevos de Denudação

Da – formas de topos aguçados
Dc – formas de topos convexos
Dt – formas de topos tabulares
Dp – formas planas

Índices de Dissecação das Formas de Desnudação

Intensidade de Aprofundamento de Drenagem	Ordem de grandeza das formas				
	≤ 250m (1)	> 250m ≤ 750m (2)	> 750m ≤ 1750m (3)	> 1750m ≤ 3750m (4)	> 3750m ≤ 12750m (5)
fraca (1)	11	21	31	41	51
média (2)	12	22	32	42	52
forte (3)	13	23	33	43	53

Nota: *Cada Unidade Morfoestrutural é representada por uma família de cor, e as Unidades Morfoesculturais a ela pertencentes são identificadas pelos tons* e *subtons desta cor.*

Obs: Este exemplo foi aplicado na escala 1:500.000.

Níveis Morfológicos Regionais

- Depressão do rio Cuiabá e rio Paraguai (nível baixo)
- Depressão do rio Cuiabá (nível alto)
- Depressão Periférica do Arinos
- Patamar inferior dos Parecis e Guimarães
- Patamar intermediário dos Parecis e Guimarães
- Patamar superior ou topo das Chapadas
- Topos planos e médios da Província Serrana
- Topos planos e altos da Província Serrana

Símbolos lineares e pontuais

- Crista assimétrica borda de anticlinal escavada
- Crista assimétrica aba de sinclinal alçada
- Escarpa erosiva
- Escarpa estrutural
- Crista simétrica isolada
- Crista assimétrica isolada
- Ressalto topográfico
- Frente de Cuesta
- Divisor com vertentes simétricas
- Divisor com vertentes assimétricas
- Formas alongadas baixas e de natureza estrutural

QUADRO III
Modelo de Representação do Relevo (Ilha de Santo Amaro – Guarujá)

Unidades Morfoesculturais	Morfocronologia	Morfologia		Morfometria	
		Segmentos de Vertentes	Características	Decliv. Média	Altim. M
Serras e Morros Litorâneos	Terciário Médio (Tectogênese) ao Pleistoceno – Holoceno (Escultura-ção)	Topos convexos (Tc)	Segmentos de vertente correspondente a topos convexizados, ocupando posição cimeira nos divisores de água	20 a 30%	290 – 310 m
		Vertentes Convexas (Vcl)	Segmentos de relevo muito convexo	30 a 90%	10 – 290 m
		Vertentes Convexas (Vc)	Segmentos de relevo de tipologia convexa	20 a 30%	10 – 290 m
		Vertentes Côncavas (Vec)	Segmentos do relevo de tipologia côncava	20 a 30%	10 – 290 m
		Patamares Convexizados (Pc)	Superfícies aplanadas que interrompem a continuidade da vertente com topos convexos de curvatura ampla	5 a 20%	50 – 90 m
		Colos (Cl)	Depressões numa linha de cristas no topo da serra	5 a 10%	30 – 50 m
		Cr	Costão rochoso		10 m
Planície Litorânea ou Costeira	Pleistoceno ao Holoceno	Praias (Pr)	Zona plana, formada pelo acúmulo de areia	INFERIORES A 5%	INFERIORES A 10 M
		Restinga (Re)	Planície originada pela incorporação de cordões de areia depositados pelo oceano		
		Planície fluviomarinha (Pf) (Intertipal)	Terrenos arenovasosos sendo influenciados pela maré e pela dinâmica fluvial (mangue)		
		Planície mista (marinha fluvial lagunal)	Áreas de planície fluviomarinha que sofreram processo de colmatação, sedimentação marinha e fluvial		
	Atual	Fa – Formas Antrópicas: Nas formas de relevo da área dos morros com obras de terraplenagem ou mineração de terra a instabilidade é emergente e muito alta, independente da forma original do terreno, face à exposição do horizonte e dos solos (alterito).			

QUADRO III (Continuação)
Modelo de Representação do Relevo (Ilha de Santo Amaro – Guarujá)

Litologia	Solos	Clima	Cobertura Vegetal e Tipos de Usos Dominantes
Metamórficas – migmatitos	Solos Podzolizados de características argilosas a argiloarenosas. Horizonte B pouco espesso da ordem de 0,40 a 1,50 m em média. Horizonte C geralmente muito espesso atingindo até mais de 20 m. Horizonte B enriquecido por argilas e precipitadas de ferro mostra-se geralmente com razoável grau de resistência aos efeitos da ação mecânica d'água. Horizonte C (alterito) profundo guardando geralmente características texturais síltico-argilosa ou ainda síltico-arenosa mostra-se extremamente frágil quando exposto à ação mecânica d'água.	(pluviosidade e temperatura). Como característica geral o clima é do tipo Tropical Úmido a duas estações, uma mais chuvosa nos meses de verão e outra mais seca nos meses de inverno. A pluviosidade anual média oscila entre 2000 a 2500 mm/a sendo que o mês de fevereiro é o mais chuvoso (± 30 mm/m) e o mês de agosto o mais seco (± 100 mm/m). A média térmica anual oscila em torno de 22°C, enquanto a média do mês mais quente gira ao redor dos 25°C e do mês mais frio 18°C. – Máximas diárias no verão até 35°C. – Mínimas diárias no inverno 5°C.	Mata Tropical Atlântica
	Rocha aflorante		Com cobertura vegetal
Areias	Solos predominantemente Hidromórficos de textura arenosa, localmente argiloarenosa, forte presença d'água, localmente com forte presença de matéria orgânica vegetal.		Atividade balneária
Areias e matéria orgânica vegetal			Ocupação com urbanização de alto padrão
Areias, argilas e matéria orgânica vegetal			Ocupação com urbanização de baixo e médio padrão e mangues
Argilas, areias e matéria orgânica vegetal			Cultura de banana, capoeiras e Mata de Restinga
Fa – Formas Antrópicas			

Obs.: Este exemplo foi aplicado na escala 1:25.000

QUADRO III (Continuação)
Modelo de Representação do Relevo (Ilha de Santo Amaro – Guarujá)

Processos Morfodinâmicos Operantes	Graus de Instabilidade das Formas de Relevo
Tc – Tendência maior para infiltração; percolação da água nos horizontes do solo; ação bioquímica da água promovendo meteorização das rochas; espessamento do manto de alteração; tendência à geração dos horizontes de solo bem marcados, com grande espessamento do horizonte C; tendência à pedogenização; processos de erosão química através da dissolução e lixiviação; migração de minerais para o interior do perfil.	Tc – Instabilidade potencial de moderada a alta (erosão linear e laminar). Vc_1 – Instabilidade potencial extremamente alta – alto risco de deslizamentos.
Vc_3 e Vc_2 – Tendência ao escoamento superficial e a infiltração (quando houver cobertura florestal); migração de materiais finos; tendências à erosão e aos movimentos de massa; manto de alteração pouco menos espesso; erosão química e lixiviação; frágil a cortes e aterros.	Vc – Instabilidade potencial muito alta. – (erosão laminar, linear-sulcos e escorregamentos).
Vcc – Forte concentração de água por escoamento superficial e subsuperficial (percolação); forte concentração de detritos finos transportados via escoamento superficial; acentuada concentração de minerais secundários ao longo da vertente através da migração; tendência ao espessamento do manto de alteração; tendência a processos vigorosos de erosão linear quando desprotegidos da cobertura vegetal, segmentos de vertentes muito frágeis a cortes e aterros.	Vcc – Instabilidade potencial muito alta. (Erosão laminar, escorregamentos e principalmente erosão linear-sulcos).
Pc – Os mesmos dos topos convexos (Tc).	Pc – Instabilidade potencial de moderada a alta. – Erosão laminar e linear.
Cl – Semelhantes aos das vertentes côncavas, acrescidas do fato de serem áreas de encontro de cabeceiras, vulneráveis aos processos de erosão não regressiva, sobretudo nas áreas desprotegidas da cobertura vegetal.	Cl – Instabilidade potencial alta (Erosão linerar-recuo de cabeceiras).
– Erosão tipo abrasão marinha.	Cr – Solapamento marinho.
– Planícies (Pr – Re – Pl) – Pd) Processo de sedimentação marinha e/ou fluvial e depósitos lineares e em bacias em decantação recentes. Terrenos com material detrítico inconsolidado de textura fina a média (areias finas e secundariamente argilas) forte presença de matéria orgânica, forte presença d'água em superfície e subsuperfície, de baixo grau de coesão e resistência – extremamente instável.	Instabilidade potencial alta – tendência a apresentar movimentação face à elevação ou abaixamento do lençol freático – baixo grau de resistência à pressão com tendência a ceder nos locais edificados, principalmente quando se executa serviços de drenagem do solo e subsolo.
Fa – Formas Antrópicas	Fa – Instabilidade emergente muito alta – sulcos, ravinas e movimentos de massa.

Obs.: Este exemplo foi aplicado na escala 1:25.000.

5º Taxon – dimensão de formas – corresponde ao tamanho médio dos interflúvios e grau de entalhamento dos canais, representado por uma combinação de dois números, conforme tabela "Índice de Dissecação", que aparece na legenda.

6º Taxon – formas lineares do relevo – representadas por símbolos gráficos lineares de diversos tipos em função da forma e gênese.

No exemplo da Ilha de Santo Amaro (Guarujá), a preocupação foi a mesma, entretanto o sensor utilizado foram as fotos aéreas e a escala de trabalho 1:25.000. Além da documentação do aerolevantamento, empregou-se cartas topográficas e pesquisa de campo. Das fotos aéreas extraiu-se as informações da morfologia. Assim sendo, retirou-se dados relativos às formas e segmentos de formas do relevo, tais como tipos de vertentes, topos, patamares, planícies, restingas, praias, costões rochosos, colos entre outros. Com as cartas topográficas construíram-se as cartas de declividade e hipsométrica que contrapõem as informações morfométricas da carta geomorfológica final. A carta geológica e o controle de campo foram imprescindíveis para se chegar ao produto síntese final, o qual se ilustra aqui apenas pelo corpo de legenda. Em função da escala de semidetalhe foi possível estabelecer uma relação direta dos elementos do relevo com o solo, litologia e clima, e chegar-se a uma avaliação qualitativa do comportamento dinâmico do relevo.

6
ANÁLISE DO RELEVO APLICADA AO PLANEJAMENTO AMBIENTAL

Na elaboração de alguns trabalhos por nós efetuados, voltados para a geomorfologia aplicada, recorreu-se à metodologia proposta por Tricart. Entretanto, a dificuldade da representação cartográfica a cores, a sobrecarga de informações típicas das cartas morfo ou ecodinâmicas, além dos problemas de escalas de representação geralmente médias ou pequenas, exigiram adaptações com modificações significativas na metodologia e na representação cartográfica final.

Os primeiros trabalhos aplicados foram efetuados para a região da Grande São Paulo, através da Emplasa, no programa de controle e prevenção de inundações. Elaborou-se estudo de duas bacias dos rios Cabuçu de Cima em 1985 e do ribeirão Carapicuíba em 1986, ambos na escala 1:25.000. Nesses dois trabalhos, face ao objetivo geral dos projetos (controle de inundações) procurou-se estabelecer os diferentes graus de sensibilidade do quadro ambiental quanto aos processos degradacionais e agradacionais, e com isso chegar às categorias de ambientes estáveis e instáveis. Para chegar-se ao diagnóstico do comportamento morfodinâmico trabalhou-se com cartas topográficas e fotos aéreas na escala 1:25.000, carta geológica, dados pluviométricos mensais e elaborou-se os seguintes documentos:

- carta de declividade média das vertentes com cinco classes;
- carta simplificada da litologia e características do manto de alteração;
- carta de uso da terra e cobertura vegetal;
- carta dos elementos das formas de relevo e marcas de processos erosivos;
- análise dos dados pluviométricos.

CATEGORIAS DE COMPORTAMENTO MORFODINÂMICO

A partir desses documentos, alguns totalmente gerados pela equipe de trabalho, outros emprestados de trabalhos já existentes, gerou-se a carta de diagnóstico síntese a que denominou-se de carta de classes de vulnerabilidade morfodinâmica. Para chegar a esse documento final, cruzou-se todos os documentos gerados, fez-se algumas generalizações e simplificações e obteve-se um mapa representado através de "manchas". Essas "manchas" passaram a representar cinco categorias de comportamento morfodinâmico sendo duas estáveis e três instáveis:

1. Áreas de estabilidade morfodinâmica natural apresentando as seguintes características:

- cobertura vegetal densa;
- relevo com formas de topos convexos e declividades médias predominantemente acima de 30%;
- litologia em granodioritos e migmatitos com espesso manto de alteração com textura argilosa;
- alta pluviosidade anual e concentração nos meses de verão.

Essa categoria, apesar da estabilidade, mostra-se com alto potencial de instabilidade face às características do meio físico que ela representa.

2. Áreas de estabilidade morfodinâmica de origem antrópica, com as seguintes características:

- alta densidade de urbanização;
- terreno impermeabilizado por edifícios e asfalto;
- declividades médias entre 6 a 20%;
- etiologia – sedimentos argiloarenosos da formação São Paulo.
- pluviosidade elevada e concentrada no verão.

3. Áreas de instabilidade morfodinâmica moderada, com as seguintes características:

- uso da terra com horticultura;
- relevo com formas convexas em colinas baixas e declividades predominantemente entre 6 e 20%;
- litologia – filitos e micaxistos com espesso manto de alteração e material argilossiltoso;
- pluviosidade elevada e concentrada no verão.

4. Áreas com alto grau de instabilidade morfodinâmica com as seguintes características:

- áreas em processo de urbanização com loteamentos sem infraestrutura urbana;

- terrenos com obras de terraplenagem com desmontes e aterros dos vales e cabeceiras;
- litologia em micaxistos e filitos com espesso manto de alteração;
- processos de ravinamentos, voçorocamentos e assoreamentos generalizados.

5. Áreas com alto grau de instabilidade morfodinâmica, com as seguintes características:

- terrenos com baixas declividades (menores que 5%);
- planícies fluviais e fundos de vales;
- inúmeras secções com estrangulamento do leito por pontes e tubulões subdimensionados, aterros e acúmulo de lixo e entulho;
- terrenos sujeitos a inundações frequentes.

Para o estudo da bacia do ribeirão Carapicuíba os critérios de análise foram os mesmos, reconhecendo-se uma zona em equilíbrio ou seja, em estabilidade morfodinâmica, e outra em desequilíbrio ou em instabilidade morfodinâmica.

1. As zonas em equilíbrio com:

- estabilidade natural – cobertura florestal natural;
- estabilidade por urbanização e impermeabilização do solo;
- estabilidade com urbanização de alto padrão.

2. As zonas em desequilíbrio com:

- instabilidade morfodinâmica fraca – com relevo menos declivoso e ocupação pouco densa;
- instabilidade morfodinâmica forte com relevo de declividade entre 10 e 30% e ocupação caótica;
- instabilidade morfodinâmica muito forte com relevo de declividade entre 10 e 30% e extensas áreas de solos expostos por terraplenagem;
- instabilidade morfodinâmica muito forte, com relevo de planície e fundos de vales estrangulados por aterros, pontes, tubulões e depósitos de lixo e entulho.

Com esses estudos obteve-se uma razoável "radiografia" das condições do quadro ambiental de ambas as bacias, elaborando-se a partir disso uma série de sugestões de caráter corretivo tanto referentes às inundações quanto ao uso e ocupação da terra pelo processo de urbanização. As medidas sugeridas foram de caráter geral, enquanto as especificações de cada obra são de competência de outros profissionais como engenheiros, arquitetos entre outros.

ESTUDOS DOS VALES FLUVIAIS

Outros trabalhos foram desenvolvidos para as áreas não urbanas, voltadas para aproveitamentos hidrelétricos futuros, envolvendo estudos de setores dos vales fluviais dos rios Xingu no Pará, Ji-Paraná em Rondônia, Iguaçu no Paraná e Uruguai nos estados de Santa Catarina e Rio Grande do Sul. Esses estudos foram executados na escala 1:250.000, utilizando-se como recurso básico o mapeamento através de imagens de radar e satélite. Especifico para o alto Uruguai, fez-se também um trabalho de maior detalhe tendo-se como apoio básico ortofotos na escala 1:10.000.

O princípio metodológico aplicado nesses estudos foi pouco diferente em relação aos dois trabalhos anteriores. Entretanto, procurou-se refinar o tratamento das informações em função da extensão e natureza das áreas estudadas, bem como do instrumental de apoio utilizado. Todos esses estudos passaram pela elaboração de uma carta geomorfológica, carta de uso da terra e cobertura vegetal e utilização de dados geológicos, pedológicos e climáticos.

A geração da carta geomorfológica para os trabalhos na escala 1:250.000 apoiou-se em imagens de radar, cartas topográficas na escala 1:100.000, observações e medições de campo. Essas cartas obedecem uma ordem taxonômica que passa pela identificação dos seguintes níveis:

1º) unidades morfoestruturais
2º) unidades morfoesculturais
3º) formas denudacionais e agradacionais
4º) unidades de padrões de formas semelhantes
5º) indicação e mensuração das formas por dados morfométricos
6º) formas lineares e pontuais do relevo

O tratamento das informações nesses exemplos passou na primeira fase pela identificação do relevo em suas diferentes dimensões. Estabeleceu-se a classificação das formas maiores para as menores e não se chegou a nível de segmentos de vertentes em função da escala de trabalho. O princípio adotado foi o dos níveis taxonômicos de Demek e dos conceitos de morfoestrutura e morfoescultura Gerasimov (1946), Gerasimov & Mescherikov (1968).

As unidades morfoestruturais correspondem ao taxon maior e se definem pelos tipos genéticos de agrupamentos de litologias e seus arranjos estruturais que determinam as formas do relevo. Como exemplo pode-se citar as morfoestruturas da bacia sedimentar amazônica e da plataforma sul-amazônica As unidades morfoesculturais compondo o segundo taxon correspondem aos conjuntos de formas de relevo que guardam as mesmas características genéticas de idade e de semelhança dos padrões do modelado. Pode-se exemplificar pela depressão marginal sul-amazônica ou pelos planaltos residuais de coberturas de plataforma. O terceiro taxon consiste na identificação das formas que geneticamente foram ou estão sendo geradas por processos denudacionais ou agradacionais. Os processos denudacionais (D) elaboram as formas esculturais do relevo através da dissecação, por ação física e bioquímica tendo, como energia, o clima pretérito e atual. Já os processos agradacionais (A) elaboram formas de relevo por deposição (acumulação) de sedimentos, quer seja em ambientes fluviais, lacustres marinhos ou eólicos.

As unidades de padrões de formas semelhantes que correspondem ao quarto taxon, a que Demek denomina de tipos de relevo, correspondem a conjuntos de formas que se definem por topos aguçados (a), convexos (c), planos ou tabulares (t) ou ainda extensivamente planos e preservados (p). Esse nível taxonômico é adotado para escalas médias e pequenas (1:100.000, 1:250.000, 1:500.000) que não permitem representação dos elementos das formas ou seja, a que Demek denomina de superfícies geneticamente homogêneas. Assim, nessas escalas onde não é possível por exemplo representar os segmentos de vertentes das colinas bem como a colina individualizada, representa-se o conjunto das colinas que fisionomicamente e geneticamente são semelhantes. Cartograficamente aparecem como manchas assinaladas com letra símbolos do tipo, por exemplo:

Dc – Denudacional de topo convexo;
Dt – Denudacional de topo tabular;
Da – Denudacional de topo aguçado;
Dp – Denudacional de superfície aplanada;
Apf – Agradacional planície fluvial;
Apm – Agradacional planície marinha, entre outras.

Essa postura metodológica inspirou-se ainda nos estudos elaborados pelo Projeto Radambrasil, e desse modo os dados morfométricos da carta geomorfológica para os trabalhos dos rios Xingu e Ji-Paraná foram estabelecidos a partir de uma matriz adaptada do referido projeto, onde em uma das coordenadas registra-se a dimensão interfluvial e na outra o entalhamento dos canais, conforme ilustra o Quadro IV:

Quadro IV
Dissecação das Formas de Denudação

GRAU DE ENTALHAMENTO DOS CANAIS

	Distância interfluvial média				
	≤ 250m (1)	**> 250 ≤ 750m (2)**	**> 750 ≤ 1750m (3)**	**> 1750 ≤ 3750m (4)**	**> 3750 ≤ 12750m (5)**
Fraco (1)	1.1	2.1	3.1	4.1	5.1
Médio (2)	1.2	2.2	3.2	4.2	5.2
Forte (3)	1.3	2.3	3.3	4.3	5.3

Enquanto a dimensão interfluvial é obtida com as medidas efetuadas na imagem de radar, o grau de entalhamento foi levantado com medidas sistemáticas de campo. Também no campo efetuaram-se medidas de declividade da média vertente utilizando-se clinômetro.

Assim chegou-se à denominação das unidades de padrões de formas semelhantes, registradas cartograficamente através das letras-símbolos e de algarismos arábicos combinados e extraídos da matriz apresentada. Exemplo Dc 21, Dt 41, Da 33, Dp.

A carta geomorfológica gerada informa dados ligados às unidades morfoestruturais, unidades morfoesculturais, tipologia de padrões de formas, litologia, solos e cobertura vegetal/uso do solo a elas associadas. Isso pode ser observado através da tabela síntese que corresponde a uma parte da legenda das cartas, colocada mais adiante como ilustração.

FORMAS DE MENSURAÇÃO

Cumpre ressaltar que por dificuldades operacionais não se aplicou neste trabalho técnicas mais elaboradas de mensuração das formas do relevo. Entretanto, os índices de dissecação do relevo devem ser preferencialmente estabelecidos a partir de dados numéricos tratados e gerados por uma abordagem quantitativa relativa à rugosidade topográfica. Assim sendo, pode-se utilizar diferentes índices que reflitam valores obtidos a partir de medições executadas sobre cartas topográficas, fotos aéreas ou imagens de radar e satélite. Como há uma relação intrínseca entre as formas do relevo e a rede de drenagem, todas as fórmulas de medições de um modo ou de outro refletem esta relação pelo caminho da matemática. Entre as formas de medições mais utilizadas está a de densidade de drenagem (Dd). Essa medição se expressa pela aplicação da fórmula

$$Dd = \frac{Ct \text{ (comprimento total dos canais de drenagem)}}{A \text{ (área)}}$$

Tanto o comprimento total dos canais (Ct), como a área (A) podem ser calculados para uma bacia hidrográfica, para uma sub-bacia, para uma "mancha" individualizada pela fotoidentificação ou por amostras circulares aplicadas no interior das "manchas" nas bacias hidrográficas:

O cálculo da frequência de rios (Fr), que se expressa pela fórmula

$$Fr = \frac{Nt \text{ (número total de canais)}}{A \text{ (área)}}$$

da mesma forma que a densidade de drenagem pode ser utilizada para se estabelecer índices de dissecação do relevo. Outro indicador

QUADRO V
Legenda Parcial da Carta Geomorfológica

Unidade Morfoestrutural da Plataforma Amazônica					
Unidades Morfoesculturais	Variáveis do meio físico (Atributos Morfodinâmicos)				
	Modelado		Litologia	Solos	Cobertura Vegetal e Uso do Solo
	Tipo de Forma	Morfometria			
Depressão Marginal Sul-Amazônica	Dc 31, Dc 41 e Dc 21 Topos levemente convexizados a baixo grau de entalhamento	• Declividades predominantes: 5% • Interflúvios de 750 a 1750m	Predomínio de mignatitos de estrutura e composição variadas da Unidade III do Complexo Xingu, e secundariamente, gnaisses da Unidade I e efusivas (riodacitos, dacitos, ignimbritos) da formação Iriri (c)	Predomínio de Podzólico Vermelho-Amarelo textura argilosa. Secundariamente, Latossolo Vermelho-Amarelo textura argilosa	Grande predomínio de áreas de cobertura vegetal, de Floresta Aberta Mista.
Planaltos Residuais de Estruturas Cristalinas	Dc 33, Dc 22, Dc 23, Dc 32, Da 22, Da 13. Topos convexizados ou aguçados, com alto grau de entalhamento	• Declividades predominantes: 20% e secundariamente oscilando entre 10 e 20%. • Interflúvios oscilando entre 250 a 1750m.	Predomínio de granitoides com gnaisses e migmatitos subordinados da Unidade IV do Complexo Xingu (c), gnaisse granodiorítica, gnaisse tomalítico, onfibolitos, granulitos, granodioritos, etc, da Unidade.	Predomínio do Podzólico Vermelho-Amarelo, textura argilosa e litólicos.	Grande predomínio de áreas com cobertura vegetal natural, de floresta densa submontana, e, secundariamente, de floresta aberta mista e floresta aberta latifoliada.

Unidade Morfoestrutural da Plataforma Amazônica (cont.)					
Unidades Morfoesculturais	Variáveis do meio físico (Atributos Morfodinâmicos)				
	Modelado		Litologia	Solos	Cobertura Vegetal e Uso do Solo
	Tipo de Forma	Morfometria			
Planaltos Residuais de Cobertura de Plataforma	Dc 31, Dc 21, Dc 32, Dc 22 e Da 33. Topos convexizados com entalhamento médio predominante.	• Declividades predominantes entre 5 e 10%.	Predomínio de arenitos conglomeráticos, cortados por veios de Qz e diques de diabásio da formação gorotire (R) e de arenitos ferruginosos de formação prosperança, e, secundariamente, arenitos ferruginosos e itabiritos da formação rio Fresco.	Predomínio de solos litoicos de textura indiscriminada e podzólico vermelho-amarelo distrófico, textura argilosa plíntico.	Predomínio de campo cerrado ou vegetação arbórea/arbustiva rala.

Obs.: Este exemplo foi aplicado na escala 1.250.000.

também pode ser utilizado aplicando-se a razão de textura (T) que se expressa pela fórmula

$$T = \frac{Nt \text{ (número de canais)}}{P \text{ (perímetro da bacia ou da amostra)}}$$

Todas essas fórmulas podem ser aplicadas para diferentes escalas de trabalho e utilizando-se diferentes sensores (imagens de radar, satélite, fotos aéreas) ou até mesmo utilizando-se apenas boas cartas topográficas. Entretanto, quando se trata de áreas em que a intensidade de dissecação do relevo é elevada, as cartas topográficas tendem a apresentar a rede de drenagem simplificada, o que impede utilizá-los com exclusividade. Nesses casos é imprescindível a utilização das fotos aéreas.

Outra situação que também dificulta a aplicação dessas medições é quando a escala é pequena, tipo 1:100.000, 1:250.000 em relevo com elevada dissecação. Nessas escalas, tanto fotos aéreas como imagens de radar e satélites oferecem grande dificuldade de identificação da rede de drenagem face a sua elevada densidade. Isso praticamente torna impossível a aplicação quer seja de medidas de densidade de drenagem (Dd), frequência de rios (Fr) ou razão de textura (T). Entretanto, nesses casos pode-se aplicar a mesma fórmula de razão de textura (T), substituindo-se o número total de canais (Nt) pelo número total de crênulas ou seja

$$T = \frac{Nc \text{ (número total de crênulas)}}{A \text{ (área)}}$$

Assim, a rugosidade topográfica fica representada através da razão de textura, e ao invés do número total de canais, utiliza-se o número total dos pequenos divisores ou espaços interdrenos, que representam as formas do relevo. Para facilitar a operacionalização do trabalho deve-se optar pela utilização de amostras circulares de área conhecida e proceder à contagem dentro de cada amostra para cada uma das tipologias de padrão de forma do relevo representadas por "manchas" pré-identificadas de "padrões de formas semelhantes".

Estas propostas de mensuração para estabelecimento dos índices de dissecação do relevo são mais apropriadas para escalas pequenas e médias (1:250.000, 1:100.000, 1:50.000). Para as escalas maiores que ressaltam maiores detalhes (1:25.000, 1:10.000, 1:5.000) deve-se trabalhar o relevo através do mapeamento de elementos das formas, ou seja, identificando a tipologia de segmentos de vertentes. Nesses casos os índices de dissecação serão dados pelas classes de declividade e não mais pelos métodos anteriormente discutidos.

Na segunda fase, o trabalho teve como preocupação identificar o ambiente natural em seus diferentes graus de fragilidade, face à ação antrópica. E para tanto, adaptou-se à proposta metodológica de Tricart (1977) a respeito das unidades ecodinâmicas ou de comportamento morfodinâmico. Entretanto, em função da área de abrangência, escala de tratamento, peculiaridades regionais e objetivos da pesquisa, houve necessidade de alterar a metodologia, executando-se muitas adaptações, embora se mantivesse a concepção teórica conceitual que norteou os trabalhos.

ÍNDICE DE DISSECAÇÃO DO RELEVO

Essa segunda etapa começou por determinar os graus de fragilidade do ambiente natural, tomando-se como primeiro referencial o índice de dissecação do relevo. A intensidade de dissecação ou – como também se costuma chamar: a intensidade de rugosidade topográfica – é o primeiro grande indicador da fragilidade potencial que o ambiente natural apresenta. A densidade de drenagem associada ao grau de entalhamento dos canais combinados, determina a rugosidade topográfica, ou o índice de dissecação do relevo e obviamente define a dimensão interfluvial média dos conjuntos homogêneos de formas ou conjuntos de formas semelhantes.

Desse modo, trabalhando-se com dados morfométricos do tipo dimensão fluvial média *versus* grau de entalhamento dos canais e consequentemente com classes de declividades médias (as declividades foram obtidas no levantamento de campo e foram associadas aos padrões de formas identificadas nas imagens de radar), chegou-se à hierarquização dos índices de dissecação do relevo. Com essa hierarquização produziu-se uma prancha em papel transparente contendo as "manchas" devidamente classificadas dos índices de dissecação do relevo. Isso pode ser exemplificado pelo Quadro VI.

GRAU DE FRAGILIDADE

As informações de natureza litopedológicas também foram hierarquizadas em função do maior ou menor grau de fragilidade do manto de alteração (solo mais alterito) face suas características físicas e minerais em relação à ação antrópica e sobretudo das águas pluviais. Produziu-se também com esses dados uma prancha em papel transparente onde se registraram através de "mancha" os diferentes tipos de solos-rochas classificados em função de sua maior ou menor fragilidade quanto à erodibilidade (laminar e sulcos) e a movimentos de massas. Isto pode ser exemplificado pelo Quadro VII.

QUADRO VI
Índices de Dissecação do Relevo

Graus de Dissecação	Tipos de Morfologia e Morfometria
Muito fraca (1)	Dp – superfícies planas com declividades inferiores a 2%. Dt51 – formas de topos planos com drenagem de fraco entalhamento – declividades entre 2 e 5%.
Fraca (2)	Dc 31 – Dc 41 Dt 41 – Dt 31 – formas de topos planos ou ligeiramente convexizados, com canais de drenagem de fraco entalhamento e declividades oscilando entre 5 e 10%.
Média (3)	Dc 11 – Dc 21 Dt 21 – Dc 32 Dt 32 – Dt 42 – formas de topos convexos de pequena dimensão interfluvial e canais pouco entalhados e formas de topos convexos ou planos de dimensão interfluvial pouco maior e canais medianamente entalhados – declividades oscilando entre 10 e 20%.
Forte (4)	Dt 43 – Dc 22 Dt 22 – Dc 43 – formas como topos planos a convexos e amplos com canais de forte entalhamento ou formas de topos planos ou convexos de pequena dimensão interfluvial e médio entalhamento dos canais, declividades entre 20 a 30%.
Muito Forte (5)	Dc 33 – Dc 23 Da 13 – Da 22 Da 22 – Dc 12 – formas de topos aguçados ou convexos de dimensões interfluviais de média a pequena e forte entalhamento dos canais, declividade acima de 30%.

QUADRO VII
Graus de Fragilidade à Erodibilidade dos Tipos de Solos face escoamento superficial das águas pluviais

Graus de Fragilidade	Tipos de Solos
Fraca (1)	– latossolo vermelho-amarelo; latossolo vermelho escuro – textura argilosa, desenvolvimento litologia de sedimentos argilosos. – latossolo roxo e terra roxa – textura argilosa, desenvolvimento de litologias como gabro, diabásio, basalto.
Média (2)	– podzólicos vermelho-amarelos – textura média argilosa, desenvolvimento na litologia de granitos, gnaisses e migmatitos em relevo acentuada declividade. – latossolo vermelho-amarelo – textura média argilosa – desenvolvimento de arenitos finos em associação com argilitos.
Forte (3)	– cambissolos – desenvolvimento na litologia de granitos, vertentes com alta declividade ou ainda na liotologia de siltitos. – latossolo textura média a arenosa, desenvolvimento na litologia de arenito friável. – areias quartzosas – desenvolvimento de arenitos. – hidromórficos.

Os dados de cobertura vegetal e uso da terra foram obtidos a partir do uso de imagens de satélite e procurou-se também estabelecer uma hierarquia que levou aos graus de proteção ao terreno, definindo-se assim algumas categorias como segue:

1. alta proteção – áreas de florestas;
2. média proteção – agricultura permanente e pastagem;
3. baixa proteção – agricultura de ciclo curto e desmatamentos recentes.

Quanto aos dados climáticos, os de maior interesse foram os pluviométricos, valorizando-se o fato de ocorrerem índices elevados com episódios de chuvas intensas, o que eleva a sua capacidade erosiva

A superposição das "pranchas" classificatórias elaboradas em papel transparente e superpostas uma a uma permitiu chegar-se, com algumas generalizações, a uma classificação das unidades ecodinâmicas ou unidades de comportamento morfodinâmico, diferenciadas basicamente em dois grandes grupos: as unidades ecodinâmicas estáveis ou em equilíbrio morfodinâmico e as unidades instáveis ou em desequilíbrio. Tanto as unidades em equilíbrio quanto as em desequilíbrio foram classificadas em função de todas as variáveis analisadas, resultando em seis graus de instabilidade indo de fraco a forte (potencial ou emergente). As unidades florestadas, apesar de se encontrarem em equilíbrio morfodinâmico, apresentam graus de instabilidade potencial; já as unidades que se encontram nos terrenos desprovidos de cobertura florestal natural foram classificadas em graus de instabilidade emergente, conforme ilustram os quadros.

QUADRO VIII

Graus de Proteção Dados ao Solo pela Cobertura Vegetal Face à Ação das Águas Pluviais

Graus de Proteção	Tipos de Cobertura Vegetal/Uso da Terra
Forte (1)	– florestas naturais – florestas cultivadas com diversidade de espécies e vários estratos
Médio (2)	– formações arbustivas naturais abertas com estrato graminoso – formações arbustivas densas de origem secundária (capoeira) – formações naturais ou cultivadas de gramíneas (pastos) – agricultura de ciclo longo de ocupação densa (cacau, banana)
Fraca (3)	– áreas desmatadas recentes – agricultura de ciclo curto (arroz, milho, feijão, soja, trigo) – agricultura de ciclo longo de baixa densidade (café, laranja, pimenta-do-reino)

QUADRO IX
Unidades Ecodinâmicas com Instabilidade Potencial

Instabilidade Potencial	Variáveis do Meio Físico				
Cobertura de florestas naturais	**Relevo**		**Litologia**	**Solos**	**Clima**
	Morfologia	**Morfometria**			
Muito forte (1)	Formas com dissecação fortes e muito fortes. Tipos: Dc33, Dc23, Da33, Da13, Dc43, Dc22, Dt22.	Gradiente topográfico (entalhamento) entre 50 e 200m. Declividades acima de 30%.	Granitos, Arenitos, Friáveis.	– Cambissolos – Podzólicos Verm.-Amarelo. – Litólicos – Latossolo Amarelo textura média e arenosa.	Quente e úmido ano todo. Umidade atmosférica elevada. Índices pluviométricos anuais acima de 1800 mm/a Concentração maior de chuvas nos meses de verão Temperaturas médias anuais acima de 25°C
Forte (2)	Formas com dissecação tipos Dc43, Dc22, Dt22.	Gradiente topográfico entre 50 e 200m. Declividades acima de 30%.	Diabásios.	Latossolo roxo e terra roxa.	
	Formas com dissecação média tipo Dc11, Dc21,– Dt42, Dc32, – Dt32.	Gradiente topográfico até 40m de entalhamento. Declividades entre 20 e 30%.	Arenitos friáveis.	Latossolo amarelo textura média.	
Média (3)	Formas com dissecação média tipo Dc11, Dc21,– Dt21, Dt42.	Baixos e médios entalhamentos 10 a 30m. Declividades entre 5 e 20%.	Gnaisses e migmatitos.	Podzólico verm.-amarelo. Textura argilosa.	
	Formas com dissecação fraca tipo Dc31, Dc41, Dt41, Dt31.	Baixo entalhamento 10 a 20m. Declividades entre 5 e 10%.	Arenitos.	Latossolo amarelo. Textura média.	
Fraca (4)	Formas com dissecação fraca tipo Dc31, Dc41, Dt41, Dt31.	Entalhamento entre 10 a 20m. Declividades entre 5 e 10%.	Arenitos migmatitos e gnaisses	Latossolo verm.-amarelo. Textura média Podzólico verm.-amarelo.	
Muito fraca (5)	Formas com dissecação muito fraca tipo Dt51 e Dp.	Entalhamento inferior a 10m. Declividades abaixo de 5%.	Arenitos argilitos.	Latossolo verm.-amarelo. Textura média argilosa.	

Obs.: As Unidades Ecodinâmicas com Instabilidade Emergente obedecem à mesma ordenação das variáveis porém correspondem às áreas não florestadas.

Nesses estudos elaborados em escalas pequenas e médias (1:100.000 e 1:250.000) em função do alto grau de generalização não se pode ter a pretensão de registrar as marcas dos processos degradacionais do terreno, tais como marcas de processos erosivos, deslizamentos, assoreamentos entre outros.

Conforme pode-se observar pelas tabelas sínteses apresentadas, pelo procedimento operacional executado, bem como pela necessidade de adaptações em função das escalas, dos objetivos do trabalho, das peculiaridades regionais e do instrumental de apoio, o produto síntese final é uma carta ecodinâmica com elevada generalização, e com resultados basicamente qualitativos. No entanto, sob o ponto de vista ambiental, fornece um diagnóstico-síntese que pode perfeitamente nortear as intervenções antrópicas futuras e corrigir as presentes. É portanto um instrumento importante no trabalho de planejamento físico territorial.

VALE DO ALTO RIO URUGUAI

Outro trabalho executado dentro dessa metodologia foi desenvolvido no vale do rio Uruguai, trabalhando-se na escala 1:10.000 e utilizando-se como instrumental de apoio ortofotos, cartas topográficas e fotos

Forte impacto ambiental causado por mineração de diamante em planície fluvial. Rio Paraguai, Mato Grosso (Foto do autor).

aéreas. Neste trabalho, onde se aplicou a mesma metodologia, em função da escala, pôde-se melhorar a qualidade do produto. Os produtos cartográficos foram os mesmos e o procedimento no tratamento integrado das variáveis também. Entretanto, pode-se aprofundar os estudos através do mapeamento mais detalhado. Assim, no mapa de relevo pode-se identificar os diferentes segmentos das vertentes. Essa possibilidade foi de extrema importância, já que cada segmento da vertente apresenta características específicas de forma, de declividade, de manto de alteração (solo + alterito) e de estrutura (acamamento e fraturas). Foi possível também registrar os diversos tipos de degradação que as atividades antrópicas incentivam. Desse modo, pode-se registrar cartograficamente e a partir da interpretação de ortofotos e controle de campo, marcas de processos degradacionais como:

- terracetes por pisoteio de gado em terrenos de altas declividades;
- sulcos e ravinas geradas pelas trilhas do gado ou em caminhos de acesso de cada propriedade rural;
- deslizamentos em degraus gerados pela perda de equilíbrio de setores de vertentes;
- quedas de blocos e deslizamentos de terras em setores de vertentes de alta declividade.

Neste trabalho a parte operacional seguiu os mesmos procedimentos do exemplo anterior. Assim, o trabalho iniciou-se pela execução de uma carta de relevo dentro dos pressupostos de Demek (1967). Com isso, identificou-se as diferentes superfícies geneticamente homogêneas, que se traduzem na área pelos diferentes segmentos de vertentes.

Completando as informações de natureza morfológica, elaborou-se uma carta de declividade e uma carta hipsométrica que forneceram as informações morfométricas. Em função do nível de detalhe do trabalho e da homogeneidade litológica, a relação entre o tipo de segmento de forma de relevo e os tipos de solos mostrou-se muito forte, o que favoreceu o trabalho e a qualidade final do produto síntese.

A geração da carta do relevo em segmentos de vertentes possibilitou de imediato estabelecer o que em nível de relevo mostrava-se mais estável ou instável, chegando-se a uma hierarquização do menos ao mais instável no nível potencial. Produziu-se a prancha em transparência com os segmentos de vertentes hierarquizadas dos níveis de instabilidade potencial. A seguir correlacionou-se com a prancha dos tipos de solos também hierarquizados quanto a suas fragilidades aos processos erosivos pluviais ou ainda de movimentos de massa (escorregamento de terra e quedas de blocos rochosos). Esses dados associados foram cruzados com a prancha de tipos de uso da terra também na transparência e hierarquizados entre baixa, média e alta proteção. O produto-síntese final resultou ainda da avaliação de características climáticas, sobretudo do ritmo e intensidade das chuvas. Esse produto final é uma síntese-diagnóstico que identifica "manchas" ou áreas classificadas em unidades ecodinâmicas de instabilidade potencial. Esta instabilidade potencial foi classificada em fraca, média, forte e muito forte, quando a interferência antrópica é restrita e prevalece a cobertura vegetal florestal. A instabilidade emergente foi também classificada em fraca, média, forte e muito forte, quando as atividades antrópicas alteram o ambiente natural com qualquer uma dessas práticas: agrícola, pecuária, industrial, urbana, sistema viário. Vide quadros que seguem.

QUADRO X
Unidades Ecodinâmicas de Instabilidade Emergente

Segmentos de Vertente	Solos Dominantes	Uso do Solo Cobertura Vegetal	Classes de Instabilidade
Topos Aplanados (Tp) e Patamares Aplanados (Pp)	Terra Bruna Estruturada intermediária para Terra Roxa estruturada eutrófica Cambissolo distrófico	Pastagem, Áreas agricultadas, Capoeiras baixas	Fraca (1)
Patamares em Rampa (Pr)	Cambissolo eutrófico Terra Bruna Estruturada intermediária para Terra Roxa estruturada eutrófica	Pastagem, Áreas agricultadas, Capoeiras baixas	Média (2)
Topos Convexizados (Tc) e Vertentes Côncavo-Convexas (Vc)	Cambissolo eutrófico	Pastagem, Áreas agricultadas, Capoeiras baixas	Forte (3)
Vertentes Retilíneas (Vr)	Cambissolo eurófico (Ce)	Pastagem, Áreas agricultadas Capoeiras baixas	Muito Forte (4)

QUADRO XI
Unidades Ecodinâmicas de Instabilidade Potencial

Segmentos de Vertentes	Solos Dominantes	Uso do Solo Cobertura Vegetal	Classes de Instabilidade
Topos Aplanados (Tp) e Patamares Aplanados (Pp)	Terra Bruna Estruturada intermediária para Terra Roxa Estruturada eutrófica (TBRe) Cambissolo distrófico (Ce)	Vegetação Arbórea	Fraca (1)
Patamares em Rampa (Pr)	Cambissolo eutrófico (Ce) Terra Bruna Estruturada intermediária para Terra Roxa Estruturada eutrófica (TBRe)	Vegetação Arbórea	Média (2)
Topos Convexizados (Tc) e Vertentes Côncavo-Convexas (Vc)	Cambissolo eutrófico (Ce)	Vegetação Arbórea	Forte (3)
Vertentes Retilíneas (Vr)	Cambissolo eutrófico (Ce)	Vegetação Arbórea	Muito Forte (4)

O cruzamento das variáveis, relevo (representado pelos índices de dissecação ou pelas classes de declividade), com as demais variáveis como litologia, solos, cobertura vegetal/uso da terra e pluviosidade/temperatura, pode ser também estabelecido pela utilização de pesos ou notas dadas a cada situação do elenco das variáveis citadas. Desse modo, ao invés de atribuir um valor qualitativo do tipo fraco, forte, médio, atribuiu-se valores numéricos de 1 a 5 ou de 1 a 10. Desse modo tem-se pesos nesses intervalos, por exemplo de 1 a 5 para cada uma das variáveis. O produto cartográfico final sintetiza, através de números, a soma das quatro variáveis (relevo, litologia/solo, vegetação/uso da terra e pluviosidade/temperatura). Tomando-se como modelo:

Índices de Dissecação do Relevo

- peso ou nota 1 – menor índice de dissecação ou menor declividade (depende da escala);

- peso ou nota 5 – maior índice de dissecação ou maior declividade.

Litologia/solos – gradação do menos suscetível à erosão com valor 1 ao mais suscetível com valor 5.

Vegetação/Uso da Terra

- O menor valor 1 para o tipo de uso que mais oferece proteção ao solo contra a ação das águas pluviais – por exemplo, floresta natural; e valor 5 para o tipo que menos oferece proteção – por exemplo, agricultura temporária.

Clima (Pluviosidade/Temperatura)

- Esta variável, dependendo da extensão da área de estudo ou das características do relevo, pode ser a mesma ao longo de toda extensão. Entretanto, tratando-se de área com grande variação altimétrica, a distribuição das chuvas e temperaturas pode ser distinta. De qualquer modo, deve-se também atribuir valor de acordo com a intensidade maior ou menor do efeito pluviométrico/temperatura.

Assim, uma determinada área onde se cartografou todas as variáveis citadas pode ter as mais diferentes combinações entre elas. Após a identificação das manchas e atribuição de seus respectivos pesos, processa-se a sua somatória. O grau de sensibilidade ou de instabilidade morfodinâmica será dado pela gradação do menor valor possível, no caso 4 (soma de quatro valores 1) ou seja, baixo grau de instabilidade, até o maior valor alcançado, no caso 20 (soma de quatro valores 5), ou seja, o mais alto grau de instabilidade.

Pode-se, evidentemente, trabalhar com situações distintas de uso da terra, quando se tem vários tipos de uso agrícola ou urbano e vários tipos de cobertura vegetal natural ou recuperada espontaneamente. Nestes casos pode-se estabelecer a instabilidade emergente quando a área está ocupada e a instabilidade potencial quando a área não está alterada pelo uso antrópico.

A utilização de trabalhos dessa natureza permite estabelecer diretrizes de uso da terra e organização territorial do espaço para os mais diferentes objetivos e interesses, tais como assentamento rural, urbano, implantação de caminhos e estradas secundárias, definição de tipos de uso da terra entre outros. É portanto um instrumento fundamental na organização ou reorganização do espaço face a uma política de planejamento.

Diante das informações expostas fica evidente a necessidade de uma adequada política de planejamento e, consequentemente, um arranjo territorial levando em conta as influências das variáveis do meio físico-biótico. Apesar de os recursos tecnológicos atuais permitirem superar quase que toda e qualquer dificuldade que a diversidade e complexidade dos ambientes naturais impõem, nem sempre sua plena aplicação é viável economicamente ou politicamente interessante.

É desejável que uma política de planejamento físico-territorial, quer seja do país, estado ou município, se processe de modo a compatibilizar os interesses imediatos e necessidades futuras do homem como ser humano individual e social. Em função dessa premissa, a preocupação com o planejar deve ter em conta os interesses sociais, mas também os interesses ambientais, pois o homem, além de elemento social, é um ser animal e, como tal não sobrevive sem os componentes da natureza que o envolve, sustenta e lhe dá a vida. Assim sendo, a questão ambiental é antes de mais nada uma questão social, pois é no ambiente natural que os seres vivos surgiram e surgem e é nesse ambiente natural que o homem, como ser ativo, organiza-se socialmente. Desse modo, tratar a questão ambiental, esquecendo-se do homem como ser social e agente modificador dos ambientes naturais ou, ao contrário, tratar o social, desmerecendo o ambiental é negar a própria essência do homem – sua inteligência.

SUGESTÕES DE LEITURA

AB'SABER, A. N. "Um conceito de Geomorfologia a serviço das pesquisas sobre o Quaternário", in *Geomorfologia, 18*, São Paulo, IGEOG-USP, 1969.

ABREU, A. A. de. *Análise Geomorfológica: Reflexão e Aplicação*. Tese de Livre-Docência apresentada à FFLCH-USP, 1982.

ABREU, A. A. de. "Surell e as Leis da Morfologia Fluvial", in *Craton & Intracraton – Escritos e Documentos*. São José do Rio Preto, São Paulo, IBILCE-UNESP, 1980.

BASENINA, N. V.; ARISTARCHOVA, L. B.; LUKASOV, A. A. *Methods of Morphostrutural Analysis, Geomorphological Mapping – Comission on Geomorphological Survey and Mapping of U. G. I.* – Praga, 1972.

CHRISTOFOLETTI, A. "As teorias geomorfológicas". *Notícias Geomorfológicas*, nº 25, junho, Campinas, 1973.

DEMEK, J. "Generalization of Geomorphological Maps", in *Progress Made in Geomorphological Mapping*, Brno, 1967.

GERASIMOV, I. "Problemas Metodológicos de la Ecologización de la Ciencia Contemporánea", in *La Sociedad y el Médio Natural*, Editorial Progresso, Moscou, 1980.

GRIGORYEV, A. A. "The Theorethical Fundaments of Modern Physical Geography", in *The Interaction of Sciences in the study of the Earth*, Moscou, 1968.

LIBAULT, A. "Os quatro níveis da pesquisa geográfica", in *Métodos em Questão, 1*, IGEOG-USP, São Paulo, 1971.

MESCERJAKOV, J. P. "Les concepts de morphostruture et de morphosculture: um nouvel instrument de l'analyse geomorphologique", in *Annales de Geographie*, 77e. années, nº 423, Paris, 1968.

PENCK, W. *Morphological Analysis of Land Forms*, Macmillan and Co., London, 1953.

ROSS, J. L. S. e SANTOS, L. M. dos. "Geomorfologia da Folha SD 21-Cuiabá", *Série Levantamento dos Recursos Naturais, M. M. E.*, Projeto Radambrasil, vol. 26, Rio de Janeiro, 1982.

TRICART, J. *Principes et Méthodes de la Geomorphologie*. Paris, Masson et Cie. Editeurs, 1965.

TRICART, J. "Ecodinâmica". *FIBGE/Supren*. Rio de Janeiro, 1977.

TRICART, J. "Paisagem e ecologia". *Inter-Facies*, nº 76, IBILCE-UNESP. São José do Rio Preto, 1982.

O LEITOR NO CONTEXTO

Sugestões para a utilização deste livro:

- Produzir um estudo do meio físico de uma área próxima à residência dos alunos, aplicando para isso as informações fornecidas aqui.
  Utilizar como apoio:
  – carta topográfica;
  – cartas geológica e de solos;
  – fotos aéreas;
  – observações minuciosas de campo.

- A partir do que foi exposto no texto, refletir com os alunos sobre as seguintes questões:
  a) Será possível o desenvolvimento econômico e tecnológico da sociedade humana sem alterar o ambiente natural?
  b) O grau de contradição entre natureza e sociedade humana depende do nível cultural e socioeconômico dos povos? Como?

A CONDIÇÃO ESPACIAL

Ana Fani Alessandri Carlos

No mundo moderno a intensidade dos processos e a velocidade dos acontecimentos marcam as relações dos homens entre si e as relações destes com o espaço. É inevitável que a sociedade seja alvo de mudanças que alterem essa rede de relações que a sustenta. Este livro mostra que a produção do espaço é imanente à produção da sociedade no movimento (histórico) de sua reprodução. Trata-se de pensar a produção do espaço em seus fundamentos sociais, isto é, a produção do espaço inserida no conjunto de produções que dão conteúdo e sentido à vida humana. Para isso, a autora, uma das maiores especialistas em Geografia urbana do país, aborda de que forma as relações sociais – que constroem o mundo concretamente – se realizam como modos de apropriação do espaço para a reprodução da vida em todas as suas dimensões, em direção à compreensão das contradições que a produção do espaço encerra. Livro para geógrafos, urbanistas, sociólogos e todos interessados na relação espaço-sociedade.

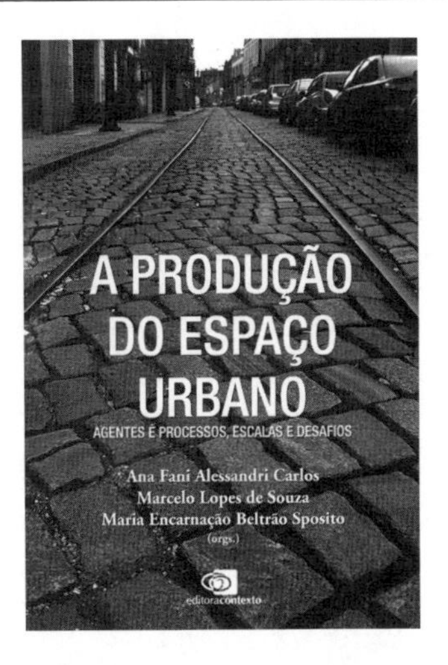

A PRODUÇÃO DO ESPAÇO URBANO
agentes e processos, escalas e desafios

Ana Fani Alessandri Carlos, Marcelo Lopes de Souza
e *Maria Encarnação Beltrão Sposito (orgs.)*

A produção do espaço constitui um elemento central da problemática do mundo contemporâneo, tanto do ponto de vista da realização do processo de acumulação capitalista – e, por consequência, de justificativa das ações do Estado em direção à criação dos fundamentos da reprodução – quanto do ângulo da (re)produção da vida, que se realiza em espaços-tempos delimitados reais e concretos. As práticas de resistência precisam ser pensadas com o recurso à construção de um olhar teórico visceral e dialeticamente articulado, precisamente, com a práxis, em um movimento que revele o sentido e o fundamento dos conflitos que se estabelecem hoje, em torno do espaço, como luta pelo "direito à cidade". Os capítulos nele reunidos trazem e desenvolvem abordagens que se propõem a oferecer algum esclarecimento do tema. Correspondem a 11 olhares sobre a mesma temática, diversidade que emana tanto do fato de que seus recortes analíticos são múltiplos quanto da circunstância de que as perspectivas teórico-conceituais adotadas pelos autores são diversas, ainda que não necessariamente divergentes.

GRÁFICA PAYM
Tel. [11] 4392-3344
paym@graficapaym.com.br